Mensch & Hund – ein starkes Team

In tiefer Dankbarkeit an unsere zwei- und vierbeinigen
Familien für das Verständnis, die Unterstützung und die unsagbare Liebe!

Gudrun Braun & Yvonne Adler

Yvonne Adler | Gudrun Braun

Mensch & Hund ein starkes Team

Die Erfolgsformel für Vertrauen und Partnerschaft

Bassermann

MIX
Papier aus verantwortungsvollen Quellen
FSC® C005833
FSC
www.fsc.org

Das für dieses Buch verwendete FSC®-zertifizierte
Papier *Profimatt* liefert Sappi, Ehingen.

ISBN 978-3-8094-3108-4

Autorin: Yvonne Adler, www.yvonne-adler.com

Co-Autorin: Gudrun Braun, www.ghbraun.at

Co-Autor: Eric Adler, www.eric-adler.com

Umschlaggestaltung, Layout und Satz: Atelier Versen, Bad Aibling

Fotos: Georg Cutka, www.georg-cutka.at

Redaktion: Gertrud Teusen, www.gertrud-teusen.de

Projektleitung: Herta Winkler

Herstellung: Sonja Storz

Druck und Bindung: Těsínšǩá tiškarna, Česky Tesín

Printed in Czech Republic

817 2635 4453 6271

Erfolgreich im Team

Ein starkes Team setzt sich oftmals aus sehr verschiedenen Persönlichkeiten zusammen, genau das ist bei uns, Yvonne, Gudrun und Eric, der Fall. Unser Wissen und unsere Stärken sind recht unterschiedlich, dennoch ergänzen wir uns perfekt und deswegen konnten wir uns auch für dieses gemeinsame Buchprojekt begeistern. Wir hoffen, wir können Ihnen die gemeinsame Freude, die wir bei der Verwirklichung dieses Projekts hatten, in diesem Buch vermitteln. Viel Spaß beim Lesen!

Mehr für Mensch & Hund erreichen

„Cindy" war meine erste Liebe. Als ich 13 Jahre alt war, erfüllten mir meine Eltern meinen sehnlichsten Wunsch: einen eigenen Hund. Cindy war ein Schäferhund, den meine Eltern von einem Bauern übernahmen. Dieser war froh, einen Welpen aus dem ungewollten Wurf der Hofhündin los zu sein. Und ich nahm Cindy nur allzu gern bei uns auf. Meine Eltern übernahmen damals die Hunde-Erziehung nach alten Methoden (aus heutiger Sicht betrachtet). Sie wussten es damals nicht besser – und Cindy nahm es ihnen nicht übel – sie war eine wirklich treue Seele. Als Cindy starb, war der Schmerz groß und eine unsagbare Leere entstand. Keiner war mehr da, der mich ständig und immer wieder begrüßte, selbst wenn ich nur fünf Minuten das Haus verließ. Es fehlte mir die Art und Weise, wie Cindy mein Leben bereichert hatte, wie es eigentlich nur Tiere können: Einfach da zu sein, Freude und Zuneigung zu schenken, ohne unzählige Fragen zu stellen…

In meine erste eigene Wohnung zog auch „Annie", eine wundervolle Dobermann-Hündin, mit ein. Sie war noch ein Welpe – und hier begann auch meine Hundetrainer-Karriere. Vor mehr als 11 Jahren lernte ich die Basics und das war noch die Zeit, in der „Leinen-Rucks" zum Alltag gehörten, frei nach dem Motto – das hat man immer schon so gemacht, daher kann es nur gut sein.

Für mich als Hundetrainerin und für meine Annie war schnell klar, dass das nicht unser Weg war, miteinander umzugehen. Unzählige Ausbildungen, Seminare und Fachlektüren später wusste ich, dass es auch noch andere Wege/Methoden gab, auch wenn diese damals noch nicht weit verbreitet waren. Aber wie ließ sich daraus ein eigener, individueller Weg machen? Das war die Zeit, in der ich meinen Mann Eric Adler kennenlernte. Er, der erfolgreiche Persönlichkeits-Coach im Bereich

Sozialkompetenz, erzählte mir Dinge über „menschliche Ausbildung und Entwicklung", die mir so vertraut vorkamen. Lernverhalten beim Menschen, was ähnlichen Gesetzmäßigkeiten wie bei Hunden folgt –, Stimmungsübertragung beispielsweise. Für mich war klar, dass hier die Lösung lag, das war der richtige Ansatz, um beim Hundetraining noch mehr für Hund und Halter zu erreichen.

So begann ich im Hundetraining ganz gezielt, auch die Halter mit einzubeziehen. Die Hunde wurden geschult, die Menschen gecoacht. Die Trainingsergebnisse waren schneller erreicht, langfristig gefestigt und den Menschen und Hunden machte es noch dazu mehr Spaß! Sie wurden ein besseres Team. Aus diesem gesammelten Menschen-/Hunde-Wissen entstand das Buch in Ihren Händen, mit der Vision, mehr für Menschen & Hunde zu bewegen. Damit Sie gemeinsam ein erfolgreiches Team mit Ihrem Hund werden, neue Handlungsimpulse für das Interagieren erhalten und wo Selbstreflexion ein wichtiger Schritt ist, um langfristig ein wirklich gutes Team zu werden und zu bleiben.

Tauchen Sie ein in eine vielleicht etwas andere Sichtweise der Dinge. Und erleben Sie die Faszination dessen, was mit dem „besten Freund des Menschen" gemeinsam möglich ist, wenn man es nur „richtig" macht.

Ihre Yvonne Adler

Herausforderungen gemeinsam meistern

Als ich noch keine zwei Jahre alt war, borgten sich meine Eltern zur Osterzeit von einem Freund einen Hasen aus. Da meine Tierliebe schon damals sehr groß war, konnten mich meine Eltern vor Freude über den weiß-schwarz gefleckten Hasen kaum bremsen. Schnell begriffen meine Eltern, dass es ein Leben ohne Haustier mit mir nicht geben wird. Es folgten mein erstes Meerschweinchen namens „Schnüffeline“, Wasserschildkröten „Max und Morits“, Hamster, Mäuse und sogar Schnecken. Als das Treiben meinen Eltern dann doch zu bunt wurde, kam mein erster Hund ins Haus. Es war ein Rauhaardackel namens „Flinky“ und er machte seinem Ruf als typischer Dackel und Familien-Pascha alle Ehre. Wir haben ihn 13 wunderbare Jahre lang geliebt!

Es war irgendwie klar, dass auch mein Berufsziel etwas mit Tieren zu tun haben sollte. Nach dem Studium der Verhaltensforschung (Zoologie/Ethologie) war ein Grundstein gelegt, aber erst nachdem mir mein Mann zu unserem ersten Hochzeitstag einen Islandspitzrüden „Lokji“ geschenkt hat, wurde mir klar, dass meine Zukunft mit Hunden zu tun haben muss. Lokji hat trotz aller Liebe und Fürsorge so einige Macken entwickelt. Das stellte mich gleich zu Beginn vor so manche Herausforderung. Inzwischen arbeite ich seit 8 Jahren mit Tierheimhunden und ich kann mit Freude behaupten, meinen Traumberuf gefunden zu haben.

Dennoch muss man sagen, Meinungen über die richtige Hundehaltung sind vielfältig, und es gibt fast genauso viele Ansichten dazu wie es Hundebesitzer gibt! Bei den Liebhabern gut erzogener Hunde gibt es ein paar Leitfiguren aus der Filmgeschichte, die nachhaltig geprägt haben. Lassie, die treue Colliehündin, ist der wohl berühmteste Hund unter ihnen. Wer möchte nicht einen Begleiter, der mit ihm durch dick und dünn geht? Lebensretter und bester Freund – alles in einem. Im deutschsprachigen Raum wurde Lassie von „Kommissar Rex“, einem Schäferhund, abgelöst. Der ist nicht nur treuester Begleiter, sondern auch noch fähig, knifflige Kriminalfälle zu lösen.

Nur leider hat sich durch diese wunderbaren Filme ein völlig falsches Bild von Hunden in unseren Köpfen verankert. Kein Hund kommt auf die Welt und ist ein ausgebildeter „Kommissar Rex“. Es erfordert ein erfolgreiches und konsequentes Training, um einen Hund so gut auszubilden, dass er Kommandos schnell und zielgerichtet ausführen kann. Knifflige Kriminalfälle löst kein Hund, außer vielleicht wie er an eine besonders schwierige, für

ihn jedoch wichtige Ressource (z.B.: eine Wurstsemmel) herankommt.

Müssen wir also völlig umdenken und uns von Rex verabschieden? Oder gibt es eventuell eine Möglichkeit, ein Hundetraining so zu gestalten, dass wir vielleicht keinen Rex, aber doch zumindest ein „Rexchen" bekommen können? Aber auch wenn man sich seine Ziele nicht so hoch stecken möchte und es einem reicht, dass der eigene Hund ein wenig Grundgehorsam beherrscht, stellt sich doch die Frage: was macht ein Hundetraining erfolgreich?

Dieses Buch soll ein Leitfaden für alle Hundehalter sein, wie sie ein erfolgreiches Hundetraining aufbauen, es individuell auf sich und den eigenen Hund abstimmen und erfolgreich zum Abschluss bringen können. Auch kleine Hindernisse, wie Fehlerquellen und Motivationstiefs, sind überwindbar.

Mein Lokji ist immer noch kein „Rexchen", aber mit seinen inzwischen 13 Jahren ein „Lassie" in Pension. Wir haben so manche Herausforderung gemeinsam erfolgreich gemeistert und genau dadurch sind wir ein unschlagbares Duo geworden.

Hinter jedem Erfolg steckt ein erfolgreiches Team, machen Sie sich und Ihren Hund zu einem „Erfolgsteam"!

Ihre Gudrun Braun

Bin ich ein Hundemensch?

Das ist die Frage, die ich mir seit Jahren stelle. Und zwar exakt seit dem Tag, an dem mich meine Frau Yvonne zum ersten Mal „auf einen Kaffee" mit in ihre Wohnung nahm... und mir Annie, ihre Dobermannhündin, entgegenkam.

Um es vorwegzunehmen: Ich kann die Frage bis heute nicht eindeutig beantworten. Einerseits liebe ich Merlin und Smile, unsere zwei Rabauken, andererseits könnte ich mir nie vorstellen, so intensiv mit Hunden zu arbeiten und mit ihnen unterwegs zu sein, wie es Yvonne tut. Einerseits verstehe ich sehr wohl, dass eine ausgewogene Ernährung für die Hunde sehr wichtig ist, andererseits kann ich nie „nein" sagen, wenn die zwei sofort neben mir sitzen, wenn ich den Kühlschrank öffne. Ich glaube, am besten kann ich mit der Definition leben, dass ich Hunde mag, aber sicher nicht der ideale Hundehalter wäre.

Womit wir bei einem wesentlichen Punkt wären. Nämlich der Hundehalterin und dem Hundehalter. Denn wenn ich auch nicht viel über Hunde weiß, eines ist vollkommen klar: „Wie das Herrl/Frauerl, so auch der Hund." Diese Weisheit des Volksmundes kann ich deswegen sofort unterschreiben, weil es einfach in jeder Situation unseres Lebens so ist, dass unsere Denkmuster, unsere Ausstrahlung und unsere Verhaltensweisen auf unsere Umwelt wirken. Und unsere Hunde gehören da nun mal dazu. Deshalb freut es mich sehr, dass Yvonne mit diesem Buch ein Werk schuf, das weg von den üblichen Tipps zur Erziehung des Hundes, hin zu einer Entwicklung des Menschen gemeinsam(!) mit seinem Hund führt. Eine Anleitung, die es in dieser Form vorher noch nicht gegeben hat. Ein Leitfaden für den Menschen, sich selbst weiter zu entwickeln und seinen besten Freund auf diesem Weg mitzunehmen. Dass dadurch ein wesentlich besseres Team entsteht, als wenn man lediglich den Hund „abrichten" wollen würde, ist wohl für jeden nachvollziehbar.

Die 12 NATURGESETZE zum ERFOLG stelle ich daher gerne für dieses Projekt zur Verfügung. Diese 12 Bereiche entwickelte ich in den Jahren 1997 – 2000, indem ich die rund 800 anerkanntesten Studien und meistverkauften Erfolgsbücher gelesen und die Quintessenz daraus gesammelt habe, um sie danach von Biologen und Zoologen in Vergleich zu den seit Jahrtausenden gültigen Regeln der Natur setzen zu lassen. So entstanden diese 12 NATURGESETZE, die die Grundlage dafür sind, sowohl mit sich selbst als auch mit seinem Umfeld optimal zurechtzukommen. Und das ist es, was ich Ihnen von Herzen wünsche: Dass Sie mit sich und Ihrem vierbeinigen Freund optimal zurechtkommen. Viel Spaß, Freude und Erfolg bei der Umsetzung dieses Buches.

Ihr Eric Adler

Einleitung

So wird aus Mensch & Hund ein starkes Team

Hunde sind die beliebtesten Haustiere der Welt und schon seit Jahrtausenden dem Menschen treu verbunden. „Canis lupus forma familiaris“ nimmt eine ganz besondere Stellung in der menschlichen Gesellschaft ein. Schon immer haben sie sich gegenseitig geholfen, haben gestritten und sich wieder versöhnt, haben zusammengearbeitet und gespielt – und haben sich trotz aller Differenzen immer wieder zusammengerauft. Es ist die Geschichte einer ganz wunderbaren Beziehung…

Der Hund als treuer Wegbegleiter des Menschen ist ein Klassiker. Kein anderes Haustier – weder Katze noch Pferd – konnten dem Hund je seine besondere Stellung streitig machen. Diese intensive Beziehung hat ihren Ursprung in der Evolutionsgeschichte: Beide Partner zogen „einen gemeinsamen Nutzen“ aus der Beziehung. Mensch und Wolf hatten sich einst zusammengetan, um einen besseren Jagderfolg zu haben. Die Nahrung war das gemeinsame Ziel und schon bald bot der Mensch seine Behausung dem Jagdgenossen als Schutz vor den Unbilden der Natur an. So waren sie verbunden, teilten Nahrung, Unterkunft und Schicksal.

Nun, heute ist es anders. Doch die Freundschaft zwischen Hund und Mensch ist geblieben, auch wenn es nur noch selten die gemeinsame Jagd ist, die die beiden verbindet.

Der Hund als bester Freund des Menschen

Schaut man sich heute die Vielfalt der Hunderassen an, so mag man kaum glauben, dass diese allesamt von einer Ursprungsgattung abstammen. Über 400 unterschiedliche Rassen gibt es – und rund 6,4 Millionen Vierbeiner leben allein in Deutschland, Österreich und der Schweiz. Nur ein Bruchteil davon sind heute noch „Arbeitshunde“, die beispielsweise ausgebildet sind, um Herden zu hüten, Menschen zu beschützen, bei der Jagd zu helfen oder Menschen zu führen. Nichtsdestotrotz werden sie dort noch gebraucht, bei der Polizei, dem Grenzschutz, bei der Bergwacht, in der Katastrophen-Hilfe, bei der Alltagsbewältigung von blinden und gehörlosen Menschen. Da sind Hunde wirklich unentbehrlich. Doch die meisten Vierbeiner sind heute „sozialer Begleiter“ – und damit fester Bestandteil der menschlichen Gesellschaft. Es hat oft den Anschein, dass es nichts Schöneres gibt, als einen Hund zu haben. Nur leider gibt es da auch die Kehrseite der Medaille: All

zu häufig wird ein Hund als „Kinderersatz“ oder aus „Prestigegründen“ angeschafft oder aber, um eigene Defizite zu kompensieren.

Trotz der eklatanten Unterschiede der verschiedenen Rassen in Bezug auf Größe und Erscheinung ist die Grundstruktur bei allen Hunden gleich und unterscheidet sich nicht wirklich signifikant von der ihrer Vorfahren. Die Vielzahl der Rassen bedeutet aber auch, dass heute für jeden etwas dabei ist: Je nach Geschmack und optischen Vorlieben, für jede Konstitution, für jede Wohnraumsituation und für jeden Geldbeutel. Ja, leider ist es in der Tat so, dass die Entscheidung für einen Hund auch von solchen Kriterien maßgeblich beeinflusst wird. Doch egal, ob großes Tier oder Hund im Handtaschenformat, ganz gleich ob Rasse mit ellenlangem Stammbaum oder bunte Straßenkreuzung, Loyalität und Zuneigung ist den Herrchen und Frauchen allemal sicher. Und genau deshalb ist der Hund des Menschen bester und treuester Freund.

Gleich und gleich gesellt sich gern

Beobachtet man Hunde und deren Besitzer, so stellt man häufig eine gewisse „Ähnlichkeit“ fest. Ist es nun so, dass Menschen sich zu ihnen passende Hunde aussuchen oder werden sich Menschen und Hunde im Laufe des Zusammenlebens in der Tat

ähnlicher? Die Wissenschaft interessiert sich seit einigen Jahren immer intensiver für diese besondere Beziehung zwischen Mensch und Tier. Im Fokus zahlreicher Studien stehen die sozialen, physiologischen und kognitiven Ähnlichkeiten zwischen Mensch und Hund. Und dabei ist man zu durchaus interessanten Erkenntnissen gekommen.

Jeder Hundehalter hat schon einmal erlebt, dass sein Hund die Traurigkeit oder Verzweiflung seines Halters gespürt und sogar versucht hat, ihn zu trösten. Es ist einfach das Gefühl des gegenseitigen Verstehens. Ein Verstehen, das keine Worte braucht – das Gefühl der Zusammengehörigkeit. Gerade diese emotionalen Momente mit dem eigenen Hund gehören zu den nachhaltigsten und wichtigsten gemeinsamen Augenblicken. Bei manchen Mensch-Hund-Teams kommen diese Erlebnisse öfter vor, bei manchen nur ganz selten. Der Grund dafür liegt auf der Hand: Es liegt an den Persönlichkeiten, die hier miteinander umgehen. Ja, Sie haben richtig gelesen: „an den Persönlichkeiten“, denn in vielerlei Hinsicht sind Hund und Mensch ähnlich.

Wissenschaftlich betrachtet sieht das beispielsweise so aus: Menschen und Hunde weisen vergleichbare Grundlagen in der sozialen Bindungsfähigkeit auf, dazu gehören „Sozialisation“ und „soziales Lernen“. Grundlage dafür ist wiederum die stammesgeschichtliche Verwandtschaft und die Erkenntnis, dass beide über ähnliche Emotionssyteme verfügen. Hund und Mensch kennen Gefühle wie Angst, Ärger, Fürsorge, Lust und Spiel. Die Fähigkeit, solche Emotionen zu empfinden, ist die Voraussetzung dafür, sich auch in die Gefühle von anderen hineinzuversetzen. Stichwort: Empathie. Und genau das ist es, was in solchen emotionalen Mensch-Hund-Momenten passiert: Der Hund spürt die Emotion seines Halters und versetzt sich in ihn hinein – er fühlt mit und reagiert entsprechend darauf. Dieses Mitfühlen gilt es im Hundetraining gezielt zu nutzen und auszubauen – ja mehr noch, wer um die Kraft der Empathie weiß, kann sie gezielt fördern, um sie als Basis für eine einzigartige Beziehung zu nutzen.

In unserem Buch hängt nicht das „Problem am anderen Ende der Leine“, sondern die Lösung!

In einer Pilotstudie untersuchte ein Team von Wissenschaftlern, ob und in welcher Weise individuelle und soziale Faktoren in der Mensch-Hund-Beziehung eine Rolle spielen. Neu war, dass sich die Forscher nicht allein auf die Tiere konzentrierten, sondern auch die Halter mit einbezogen. Sie wollten herausfinden, inwiefern die Persönlichkeit der Halter Einfluss auf die Qualität der Mensch-Tier-Beziehung nimmt.

Die Ergebnisse zeigen, dass die Persönlichkeiten von Mensch und Hund gewisse Ähnlichkeiten aufweisen und die Intensität der Beziehung sich daran orientiert. Je stärker der Mensch seinen Hund z.B. als „sozialen Unterstützer" betrachtete, desto länger hielt sich der Hund in der Nähe des Menschen auf.

Spannend auch, dass das Verhalten des Menschen auch das Verhalten des Hundes verändern oder zumindest beeinflussen kann. So zeigten Hunde, in weiteren Studien, mit einem leicht erregbaren Herrchen, eine ähnliche Erregbarkeit. Am deutlichsten werden solche Verknüpfungen beim Hunde-Training oder bei der Bewältigung von Problemverhalten. In diesen Fällen hat dann der Mensch mindestens ebenso viel zu lernen wie sein Hund.

Wenn Gegensätze aufeinanderprallen

Nun ist der Mensch ein Mensch – und der Hund ein Hund. Trotzdem gibt es auch bei Hunden unterschiedliche Charaktere und Persönlichkeiten. Das hat nun nicht mit der Rasse zu tun oder gar mit einem Stammbaum. Selbst innerhalb eines Wurfes kommen ganz unterschiedliche Hunde-Persönlichkeiten vor. So gibt es beispielsweise den Gefühlshund. Das sind Tiere, deren oberstes Streben es ist, ihren Besitzern zu gefallen. Diese agieren natürlich in bestimmten Situationen völlig anders als zum Beispiel ein Aktionshund. Diese rastlosen Kameraden suchen selbstständig Lösungen – und zwar unabhängig davon, ob der Besitzer das nun goutiert oder nicht. Oder es gibt den Augenhund, also einen, der einfach alles sieht. Betrachtet man vor diesem Hintergrund die Beziehungen zwischen Mensch und Hund, so gibt es Teams, bei denen das Zusam-

menleben völlig harmonisch abläuft – und andere, bei denen es immer wieder zu Problemen kommt. Und Probleme entstehen eben dadurch, dass die Persönlichkeiten „nicht kompatibel“ sind.

Vielleicht fragt sich jetzt mancher Mensch: „Nicht kompatibel? Der Hund soll gefälligst tun, was ich von ihm will!“ Das ist vielleicht nachvollziehbar, aber der Hund kann nur das tun oder an Signalen umsetzen, was er auch empfängt. Oft sind es nämlich die „falschen“ – oder besser – missverständlichen Signale, die beim Hund eine für den Menschen „unerwünschte“ Reaktion auslösen.

Und genau bei solchen problematischen Mensch-Hund-Beziehungen kann es passieren, dass der Mensch gleich zu Beginn seine erste Lektion lernen muss. Dann nämlich, wenn der angebliche Problem-Hund gegenüber anderen Menschen ein völlig anders Verhalten zeigt. So kann zum Beispiel ein Hund, der – bei seinem Halter an der Leine – ständig andere Hunde anbellt, absolut ruhig und gelassen anderen Hunden begegnen, wenn ein Trainer die Leine führt.

Genau solche Beobachtungen sind auch der Grund, warum in diesem Buch das Team Mensch & Hund im Vordergrund steht. Die Persönlichkeit des Hundehalters muss unterstützt und gefördert werden, um ein harmonisches Miteinander zu erreichen, und dieses Buch zeigt Lösungsansätze, wie man beim Hund optimierend eingreifen kann. Der Leser soll in diesem Buch einen Erfolgsplan bekommen, um sein Leben mit seinem Hund zukunftsorientiert zu gestalten. Vertrauen, Konsequenz, Verantwortung sollen keine leeren Schlagworte sein, sondern verinnerlicht werden.

Fühlt sich der Mensch durch seine eigene positive Persönlichkeitsentwicklung wohler, betrifft diese Veränderung nicht nur ihn – sondern eben auch seinem Hund!

Persönlichkeit des Menschen und des Hundes!

Einige wissenschaftliche Studien haben bereits gezeigt, dass es Sinn macht, im Falle einer echten Mensch-Hund-Beziehung einen näheren Blick auf die Persönlichkeit beider Individuen zu werfen. Alles deutet darauf hin, dass die Persönlichkeit des Hundehalters sowohl die Beziehungsstruktur als auch das Verhalten innerhalb der Mensch-Hund-Beziehung stark beeinflusst. Doch was genau ist „Persönlichkeit"? In der Psychologie beschreibt der Begriff der „Persönlichkeit" die einzigartigen psychischen Eigenschaften einer Person. Diese besonderen Merkmale entstehen in der Kindheit und Jugend, manches – so scheint es – ist dem Menschen „in die Wiege gelegt". Doch „Persönlichkeit" ist auch veränderbar, in der Tat entwickeln sich die Menschen ihr ganzes Leben lang weiter – wenn sie es denn möchten. In manchen Lebenssituationen verändern sich Persönlichkeitsmerkmale zwangsläufig. Zum Beispiel als Folge von Traumata, Unfällen, starken Veränderungen wie eine Scheidung vom Ehepartner oder die Geburt eines Kindes. Wichtiger ist jedoch vielleicht die Erkenntnis, dass wir Menschen eine Veränderung unserer Persönlichkeit auch selbst herbeiführen können – das kann der Hund nicht. Hunde haben oftmals den ganzen Tag „nichts anderes zu tun" als uns zu beobachten, also können sie uns sehr genau lesen und daher ist es ja so wichtig, den Hundehalter auszubilden, denn nur so kann das Team in Zukunft erfolgreich sein.

Und das ist das Besondere an diesem Buch, sozusagen das persönliche Erfolgsrezept, das wir Ihnen mit auf den Weg geben möchten. Deshalb erlauben Sie uns an dieser Stelle einen kleinen Exkurs in die Adler Social Coaching-Methode.

Persönlichkeit zu entwickeln ist gar nicht so einfach

Haben Sie schon öfter versucht „Kleinigkeiten" in Ihrem Leben zu verändern und mussten dann einsehen, dass es viel schwerer ist als gedacht? Es ist die Macht der Gewohnheiten, die uns Menschen quasi vor „Veränderungen schützt". Wir entwickeln für alles, was wir tun, feste Muster. Sogar für den Umgang mit unseren Gefühlen haben wir ein Schema festgelegt. Je länger wir uns so nach „Schema F" verhalten, desto unüberlegter setzen wir diese Verhaltensmuster ein. Das Fatale daran ist, dass wir diese Muster so verinnerlicht haben, dass wir irgendwann glauben, gar nicht mehr ohne sie zu können. Das Dumme dabei ist nur:

Auf diese Art und Weise haben wir immer wieder mit der gleichen Art von Problemen zu kämpfen.

Dieses Schema-Denken lässt sich auf alles übertragen, was das Leben ausmacht und bestimmt. Solange Ihre Persönlichkeit so bleibt, wie sie gerade ist, wird auch Ihr Leben so bleiben, wie es ist. Es gilt die Formel: Was Sie heute sind, wie es Ihnen heute geht – ganz gleich, ob Sie zufrieden oder unzufrieden sind, ob sie erfolgreich oder erfolglos durchs Leben gehen – es ist das Ergebnis Ihrer bisherigen Persönlichkeit und der erlernten Muster!

Der Schlüssel zu Ihrer eigenen Persönlichkeit liegt in Ihnen selbst, Veränderung ist möglich, wenn man an sich „arbeitet“. Einmal ein Seminar zu buchen, einen Vortrag anzuhören oder ein Buch zu lesen genügt nicht. Persönlichkeit kann man sich nicht kaufen, die muss man sich erarbeiten. In diesem Buch, in dem es um die Mensch-Hund-Beziehung geht, werden Sie auch aufgefordert, an sich selbst zu arbeiten, sich weiterzuentwickeln. Das ist nicht schlimm, das tut nicht weh, kostet aber manchmal Zeit und Nerven.

Zeit, weil man einfach über einen gewissen Zeitraum permanent dran bleiben muss. Es gilt Erkenntnisse zu sammeln, Erfahrungen zu machen, Feedback aus seinem Umfeld zu sammeln, äußere und innere Reaktionen abzugleichen ... und daraus auf Dauer neue Denk- und Verhaltensmuster zu entwickeln.

Und es wird Nerven kosten, weil man gerade in der Entwicklung der eigenen Persönlichkeit auf sehr viele Dinge stoßen wird, die man schlicht für sich selbst nie als relevant angesehen hat.

Persönlichkeit weiterzuentwickeln gelingt nur, wenn Sie Ihre „Komfortzone“ verlassen. Das bedeutet, Dinge völlig neu anzugehen und sich auch unangenehmen Erkenntnissen zu öffnen. Im Laufe dieses Buches erhalten Sie zwölf kurze Einblicke in die aufeinander aufbauenden „12 NATURGESETZE zum ERFOLG“. Diese sollen Sie zum Nachdenken und Mitdenken anregen, werden Ihr Training zum besseren Mensch-Hund-Team unterstützen und optimieren.

Persönlichkeitsentwickelung ist mit Sozialkompetenz verbunden. Die Definition von Sozialkompetenz ist - laut Eric Adler - „die Fähigkeit, mit sich und seinem Umfeld (optimal) zurecht zu kommen“. Umso besser jemand mit sich selbst zurecht kommt, desto positiver ist die Ausstrahlung und desto mehr innere Gelassenheit und Stärke etc. hat er. Und: Wer mit seinem Umfeld gut zurechtkommt, wird weniger Konflikte haben – zum Beispiel mit dem Vierbeiner.

Sozialkompetenz (und Persönlichkeitsentwicklung im Sinne von Wechselwirkung zwischen Person und Umwelt) kann man in drei aufeinander aufbauenden Schritten optimieren: Durch Selbstkenntnis, durch die Fähigkeit zur Eigensteuerung und schlussendlich durch die Fähigkeit der Umfeldsteuerung (= Umgang mit dem Hund).

An dieser Stelle ist nicht der Raum, die gesamte Persönlichkeitsentwicklung nach der Adler Social Coaching-Methode im Detail darzustellen, vielmehr soll die Notwendigkeit der Veränderung in Bezug auf den vierbeinigen Begleiter gezeigt werden. Hunde verstehen – im positiven wie negativen Sinn – ihren Halter ohne Worte. Sie haben dafür einen sechsten Sinn – nennen wir es Stimmungsübertragung. Der Hund „erspürt" seinen Menschen und kann ihn spiegeln oder ganz konträr reagieren.

Was bedeutet das? Es bedeutet, dass Ihr Hund das macht, was Ihre Persönlichkeit ihm vermittelt. Bei einem ruhigen Halter sind auch die Hunde zumeist ausgeglichen und entspannt; bei einem nervösen, unsicheren Halter zeigen sich Hunde oft ebenfalls nervös, vielleicht hyperaktiv oder zeigen umgekehrt Verteidigungsverhalten, um den ängstlichen Hundehalter zu beschützen. Hunde spiegeln uns Menschen zu einem gewissen Grad, entweder direkt oder „versteckt". Ist der Halter eher unsicher, kann es auch sein, dass der Hund den „Macker" gibt…

„Selbst(er)kenntnis ist der erste Weg zur Besserung", behauptet der Volksmund –

und er hat Recht. Im Laufe des Buches werden sich selbstreflektierte Hundehalter auch selbst erkennen und automatisch wissen, dass sie an der eigenen Persönlichkeit arbeiten sollten, um das Team weiterzubringen und sich gemeinsam zu Entwickeln.

Ist dieser erste Schritt zur Selbsterkenntnis getan, folgt der nächste fast automatisch: Die Fähigkeit zur Eigensteuerung. Worum geht es dabei explizit? Es geht darum – etwas pathetisch ausgedrückt –, „Herr seines Handelns" zu werden. Das bedeutet, dass man selbst darüber entscheiden kann, wie man sich beispielsweise gerade fühlt, was man denkt und wie man agiert. Viele von Ihnen denken nun: Das ist doch selbstverständlich! Nein, das ist es eben nicht. Gerade im Zusammenleben mit dem Hund wird uns das immer wieder vor Augen geführt. Nehmen wir das Beispiel „Angst": Sie haben Angst, mit ihrem Hund anderen Hunden zu begegnen, weil sich ihr Vierbeiner dann jedes Mal aufführt wie Rambo. Diese Erwartungshaltung spürt der Hund und wird immer gleich reagieren.

Die Fähigkeit der Selbststeuerung bedeutet, dass Sie sich in jeder Situation selbst kontrollieren und bewusst steuern können. Wenn Sie mit Ihrem Hund beispielsweise in einer schwierigen Situation sind und Sie spüren die Nervosität hochkommen, würde es bedeuten, dass Sie sich selbst mit innerer Ruhe versehen können. Wenn Sie Angst haben, diese Emotion aber gerade gar nicht gebrauchen können, wären Sie in der Lage, Ihre Angst zu beherrschen und der Situation souverän zu begegnen. Ist das nicht ein faszinierender Gedanke?

Die Persönlichkeit des Hundes

Jeder Hund ist eine Persönlichkeit. Auch er verfügt über ein einzigartiges Spektrum psychischer Eigenschaften – und zwar unabhängig von Rasse oder Stammbaum. Ja, sogar in jedem Wurf wird es unterschiedliche Charaktere geben – ebenso viele Draufgänger wie Einzelgänger, extravertierte wie introvertierte Vierbeiner. Natürlich ordnet man gewissen Rassen auch gewisse Eigenschaften zu, aber das ist es eben nicht allein, ein Großteil wird bestimmt durch Lernerfahrung, Aufzucht

und Umfeldbedingungen. Hunde haben den ganzen Tag „nichts anderes zu tun" als uns zu beobachten, also können sie uns sehr genau lesen, daher ist es ja so wichtig, den Halter auszubilden, denn nur so kann das Team in Zukunft erfolgreich sein. Der Mensch gibt den Alltag vor, die Hunde leben in unserem Alltag und in keinem Straßen- oder Wildhunderudel mehr, daher muss der Mensch geschult und angeleitet werden, weil der dem eigenen Hund bei seinem Verhalten „Feedback" gibt. Im Hunderudel tut dies ein anderer Hund. Woran soll sich ein einzeln gehaltener Welpe oder Hund orientieren und lernen, was richtig und falsch ist, wenn nicht am Beispiel des Menschen? Eine Gefahrenprävention kann nur erreicht werden, wenn der Hundehalter seinen Hund im Kontext bezogen richtig „lesen lernt" und dann danach handelt oder darauf eingeht. Es gibt keine „böse Hunderasse", die sofort beißt. Aber auf den Menschen kommt es an. Der größte Rottweiler (um ein Beispiel zu nennen) kann bei dem einen Hundehalter ein lieber, netter „Schoßhund" sein und bei dem anderen Halter (auch, wenn der Halter es vielleicht immer gut meint) eine „Bestie".

Und so wie wir Menschen in jungen Jahren von unserem Umfeld konditioniert wurden, so haben Hundehalter die Möglichkeit, ihren Hund zu einem gewissen Maß zu formen. Der Schlüssel zu einem perfekten Mensch-Hund-Team liegt also (auch) im Hundehalter und seiner Persönlichkeit.

Und wer in diesem Team der Chef ist, hängt von Konsequenz, Vertrauen und Führungsstärke ab. Der „Chef" im Familienverband zeichnet sich nicht durch laute Kommandos aus, sondern durch souveränes Auftreten, Respekt und Verständnis.

Kapitel 1

Wie Menschen & Hunde „ticken"

Für manche Menschen sind Hunde wie ein Buch mit sieben Siegeln, andere wiederum verstehen ihren vierbeinigen Freund auch ohne Worte. Fakt ist, Hunde sind intelligent, ausgesprochen lernfähig und Meister im Interpretieren und Assoziieren von kaum wahrnehmbaren Signalen, die Menschen oder andere Hunde aussenden. Das Zusammenspiel dieser Eigenschaften versetzt den Hund in die Lage, den Menschen zu „verstehen" – und mit ihm eine tiefe Bindung einzugehen.

Die Basis für ein harmonisches Miteinander ist eine gelungene Kommunikation. Das gilt für das Zusammenleben von Menschen und für das Zusammenleben von Mensch und Hund gleichermaßen. Wenn es wirklich so einfach wäre, dann gäbe es keine Probleme. Aber so einfach es scheint, ist es nicht.

Man hört immer wieder, dass eine klare Kommunikation mit Hunden enorm wichtig ist, doch mit dieser Aussage allein lässt sich wenig anfangen. Nur wenn Sie wissen, wie Ihr Hund „tickt“, können Sie ihn verstehen – und umgekehrt. Auch wenn alles noch so klar erscheint, gibt es dabei noch zu viel Interpretationsspielraum.

Klare Kommunikation – was ist das?

Der Begriff „Kommunikation“ kommt aus dem Lateinischen und bedeutet „(mit-)teilen“ oder aber auch „vereinigen“. Die erste Begriffsdeutung bezieht sich darauf, dass es bei einer Kommunikation immer zwei Bezugspersonen gibt – einen Sender und einen Empfänger. Die zweite Übersetzung zeigt, dass Kommunikation aber auch ein sozialer Prozess ist, der darauf abzielt, dass man sich versteht.

Verstehen kann man sich aber nur, wenn man die gleiche „Sprache“ spricht. Wenn wir hier über „Sprache“ reden, dann wissen Sie natürlich, dass es nicht nur ums gesprochene Wort geht. Hunde kommunizieren „mit allen Sinnen“ – und das müssen auch Sie tun, damit ihr Hund Sie „richtig“ versteht.

Wenn wir hier von Sinnen sprechen, dann denkt man – in Bezug auf den Hund – sofort an den Geruchssinn und ans Gehör. In der Tat ist der Geruchssinn beim Hund wesentlich besser ausgebildet als beim Menschen, allerdings gibt es Unterschiede zwischen den Rassen. Zum einen ist die Länge der Nase entscheidend dafür, wie gut ein Hund riechen kann, zum anderen ist sein Geruchsgedächtnis um ein vielfaches größer und komplexer als das der Menschen.

Das Seh- und Hörvermögen haben sie gut ausgebildet, über den Geschmackssinn weiß man weniger. Nicht nur, dass eine Vielzahl von Muskeln es ihnen erlaubt, die Ohren nach der Geräuschquelle auszurichten, sie können Töne wahrnehmen, die ein Mensch noch nicht einmal ansatzweise hört. Zudem besitzen sie die Fähigkeit, aus einer dominanten Geräuschkulisse einzelne Tonquellen herauszuziehen – und den Rest „auszublenden“. Als „Sichtjäger“ re-

agieren sie besonders gut auf Bewegungsreize. Zwar sehen Hunde weniger bunt und eher mehr im ultravioletten Bereich, doch Bewegungen von Wild erkennen Sie blitzschnell auch auf weitere Distanzen. Zusätzlich bietet ihre reflektierende Zellschicht am Augenhintergrund die Möglichkeit, auch in der Nacht besser zu sehen als wir Menschen.

Zudem gibt es deutliche Hinweise darauf, dass Hunde besondere Fähigkeiten besitzen, man könnte es auch als „sechsten Sinn“ bezeichnen. Ein pragmatisches Beispiel, das jeder Hundebesitzer kennt: Ihr Hund weiß beispielsweise, dass Sie mit ihm Gassi gehen wollen, noch bevor Sie den Entschluss dazu gefasst haben. Hunde regieren auch sehr empfindsam auf Schwingungen. So spüren sie beispielsweise herannahende Erdbeben schon bevor ein Mensch (oder eine Maschine) dies registriert.

Die Kommunikation unter Hunden basiert auf unterschiedlichen Signalen. Die bekanntesten Signale setzt der Hund durch „das Markieren des Territoriums“, also indem er durch Urin seine „Duftmarke“ setzt. Auch die Art und Weise der Körperhaltung spricht in „Hunde-Kreisen“ eine eindeutige Sprache. Dazu kommen unterschiedliche Schwanzstellungen oder -bewegungen, Gesichtsausdrücke und, und, und... Durch das enge Zusammenleben mit dem Hund verstehen Besitzer oftmals automatisch, was welches Signal zu bedeuten hat – auch wenn sie die Bedeutung nicht immer ganz korrekt interpretieren...

Setzen wir aber nun einmal voraus, dass Sie die „Sprache“ Ihres Hundes bereits richtig erkennen und interpretieren. Aber sprechen auch Sie eine „verständliche Sprache“ – aus Sicht des Hundes?

Hunde kommunizieren „mit allen Sinnen“ – und Sie tun das auch!

… Und zwar zumeist ohne sich dessen bewusst zu sein. Mit allen Sinnen zu kommunizieren bedeutet beispielsweise, auch auf Gestik, Mimik und Motorik zu achten und diese bewusst einzusetzen.

Hier trennt sich der Erfolg vom Misserfolg im Hundetraining und bei der Hundeerziehung. Denn es ist so, dass unsere vierbeinigen Freunde auch auf unsere Stimmungen eingehen, damit umgehen und/oder demnach handeln. Jeder Hundebesitzer kennt das: Wenn Sie traurig sind, wird ihr Hund Sie trösten. Sind Sie gut gelaunt, dann wird er Ihre Freude teilen. Der Hund spiegelt Ihr Verhalten, Ihre Stimmung oder versucht alles, damit es Ihnen besser geht.

Ein weiterer Faktor, der leider oftmals unterschätzt wird, ist die sogenannte Stimmungsübertragung, Spiegelneuronen und eine „mentale Kommunikation“ mit unseren Hunden. Diese Möglichkeiten der Kommunikation sind in der Wissenschaft schon lange bekannt, Studien belegen diese, doch im Hundetraining halten sie erst jetzt Einzug.

Empathie – Verstehen ohne Worte

Warum können wir uns intuitiv verstehen, spontan fühlen, was andere fühlen, und uns eine Vorstellung davon machen, was andere denken? Die Erklärung dieser Phänomene liegt in den sogenannten Spiegelneuronen. Die Fähigkeit, Empathie zu zeigen, hängt von der Fähigkeit ab, die Gefühle anderer in unserem neuronalen System abzubilden. Die Fähigkeit des Zeigens von Emotion ist angeboren und in der wichtigen Sozialisierungsphase lernt jedes Individuum Emotion richtig zu erkennen und zu interpretieren.

Sie ermöglichen uns eine emotionale Resonanz mit anderen Menschen, versorgen uns mit intuitivem Wissen über die Absichten von Personen in unserer Nähe und lassen uns deren Freude oder Schmerz mitempfinden. Spiegelneuronen sind die Basis von Empathie. Und auch dieses komplexe System ist etwas, was wir mit unseren vierbeinigen Freunden gemeinsam haben. So erkennt auch Ihr Hund, dass, wenn Sie ihn von ganzem Herzen anlachen, es sich um Freude und Glück handelt und keinesfalls um ein bedrohendes „Zähne zeigen“.

Doch was ist das überhaupt, ein Spiegelneuron?

Das ist eine Nervenzelle, die im Gehirn von Primaten beim Betrachten eines Vorgangs das gleiche Muster aufweist, wie es entstünde, wenn dieser Vorgang nicht bloß (passiv) betrachtet, sondern selbst (aktiv) durchgeführt würde. Auch Geräusche, die mit bestimmten Handlungen assoziiert sind, verursachen bei einem Spiegelneuron dasselbe Aktivitätsmuster, das die aktive Handlung verursachen würde.

Das Adlersche Steuerungsmodell

Um eine echte Beziehung, Arten übergreifend zwischen Mensch und Hund, eingehen zu können, sind zwischen Sender und Empfänger gewisse Grundvoraussetzungen notwendig. Interessant ist dabei, dass Hunde dabei mehr können, als wir ihnen bislang zugetraut haben (vgl. oben). So beschreibt die Wissenschaft, dass sich alle Wirbeltiergehirne im Bauplan sehr ähnlich sind. Es gibt gleiche evolutionäre konservative Gehirnareale im Vorder- und Mittelhirn, die für soziale Funktionen zuständig sind. Soziale Funktionen sind beispielsweise miteinander kooperierend, soziales Lernen und soziale Interaktion.

Allesamt ein weiteres Indiz dafür, warum der Hund des Menschen bester Freund sein kann, ist zusätzlich die Verbindung der sozial lebenden Arten (Mensch & Hund).

Pluspunkt Mensch: Eigensteuerung

Menschen haben die einzigartige Möglichkeit, das eigene Denken und damit auch ihre Handlungen selbst zu bestimmen und zu steuern. Natürlich spielen hier Lernerfahrungen eine enorme Bedeutung. Je fester (länger) eine Gewohnheit oder Erfahrung sitzt, desto schwieriger erscheint oftmals eine Änderung. Doch es ist möglich, aber natürlich mit Engagement und auch Arbeit an sich selbst verbunden (vgl. Einleitung).

Der Aufwand lohnt sich durchaus, wenn dadurch das eigene Leben mit dem Hund positiver, besser, zufriedener und harmonischer wird.

Gesetz der Verantwortung...

... besagt, dass jeder Mensch Verantwortung für sein Leben und sein Denken übernehmen sollte. „Neu“ und bewusst zu denken fällt schwer, weil „die Macht der Gewohnheit“ immer gleiche Denkweisen fördert. So glauben wir bestimmte Dinge, andere jedoch nicht.

Das spiegelt sich in unserer inneren Haltung wider, die sich in unserer äußeren Haltung zeigt. Die Körpersprache, Mimik und Gestik verrät unsere Gedanken. Und: Jede Aktion löst eine Reaktion unseres Umfelds aus und setzt einen Prozess in Gang. Somit ist man nicht nur für seine Gedanken verantwortlich, sondern auch dafür, was um einen herum durch unser Verhalten passiert.

Deshalb: Achten Sie auf Ihre Körperhaltung! Die äußere beeinflusst die innere Haltung – und umgekehrt. In der nächsten kritischen Situation mit Ihrem Hund straffen Sie die Schultern, machen Sie sich groß, schauen Sie nicht zu Boden, sondern nach oben. Nehmen Sie sich vor, selbstsicher, gelassen und stolz zu sein – dazu ein Lächeln und Sie werden sehen, mit Ihrer Selbstsicherheit funktioniert alles viel besser!

Die Wahrnehmung ist eine Grundlage von Lernprozessen

Man unterscheidet unterschiedliche Formen der Wahrnehmung. Um beispielsweise die Umwelt zu begreifen, braucht Hund wie Mensch, „seine fünf Sinne“ – also Geruchs-, Geschmacks- und Tastsinn, sowie das Gehör und das Sehvermögen. Der Tastsinn wiederum unterscheidet verschiedene Wahrnehmungen: Berührung,

Schmerz, Temperatur, aktives Erkennen (haptische Wahrnehmung) und das passive „Berührt werden“. Übergeordnet differenziert die Psychologie eine Selbst- und eine Fremdwahrnehmung, was auf die Frage hinausläuft: Wie sieht man sich selbst und welchen Eindruck macht man auf andere? Wenn diese Wahrnehmungen nicht wenigstens ansatzweise deckungsgleich sind, kann es zu Problemen in der Kommunikation kommen.

In der Psychologie und der Physiologie sind es in Bezug auf die Wahrnehmung die verschiedenen Verarbeitungsschritte, die einen Lernprozess in Gang setzen. Nehmen wir als Beispiel das Riechen – ein Hund nimmt ständig eine Vielzahl von Duftstoffen auf. Davon werden bestimmte ausgewählt und verarbeitet – und zwar in der Hinsicht, als dass diese Duftinformation mit bereits vorhandenem Wissen abgeglichen wird. Dabei unterscheidet das „Hunde-Gedächtnis“, ob diese Informationen relevant sind und eine bestimmte Verhaltensweise von ihm fordern – oder eben nicht.

Gemäß dieser Definition sind also nicht alle Sinnesreize auch verhaltensrelevante Wahrnehmungen, sondern nur diejenigen, die es sich lohnt, kognitiv zu verarbeiten und der Orientierung dienen. Wahrnehmung – in diesem Sinn – ermöglicht sinnvolles Handeln und, bei uns Menschen, den Aufbau von mentalen Modellen der Welt und dadurch folgt auch planerisches Denken.

Schulen Sie Ihre Wahrnehmung!

Am Anfang eines Denkprozesses steht die Wahrnehmung. Gerade diese Wahrnehmung sollten Sie in Zukunft überprüfen und optimieren.

Wie war/ist das Verhalten meines Hundes genau?

Alles, was Sie wahrnehmen, wird in Ihrem Gehirn verarbeitet und mit vorhandenen Erfahrungen abgeglichen. Daraus resultiert dann Ihr Glaube – wie Sie meinen, dass die Situation verlaufen wird.

Auf Grund Ihrer Erfahrungen im Umgang mit dem Hund haben Sie bei bestimmten Situationen eine innere Erwartungshaltung. Sie spüren (oder glauben zu wissen) wie eine Situation – beispielsweise aufgrund der vorhandenen Erfahrungen mit dem eigenen Hund und seinem Verhalten – ablaufen wird. Das gilt im guten oder im schlechten

Sinn. Mit diesem Glauben entsteht direkt Ihr Gefühl und daraus resultiert Ihre Handlung.

Nehmen wir an, Sie sind nun in dem Glauben, dass Ihr Hund gleich wieder kräftig an der Leine ziehen und bellen wird. Was machen Sie in Erwartung dieses Verhaltens? Genau, Sie nehmen die Leine kürzer. Und: Die Reaktion des Hundes wird (wie erwartet) die gleiche sein wie immer: Er wird an der Leine ziehen und bellen, da alleine schon Ihre Handlung und der vorangegangene Denkprozess sich auf den Hund überträgt.

Gedanken neu denken – schwierig, aber möglich!

In der Psychologie geht man davon aus, dass die menschliche Psyche auf verschiedenen „Ebenen“ abgelegt ist. Die beiden wichtigsten sind das Bewusstsein und das Unbewusstsein. Als das Unbewusste wird jener Bereich der menschlichen Psyche bezeichnet, der zwar nicht direkt zugänglich ist, jedoch trotzdem einen enormen Einfluss auf das Denken, Fühlen und Handeln hat.

Dieses Unterbewusstsein spricht durch Gestik, Mimik und Körperhaltung eine „eindeutige Sprache“: Während ein Mensch rund 100 Worte spricht, sendet sein Körper rund 7000 (oft widersprüchliche) Signale an sein Gegenüber. Und je nach Sensibilität werden diese Informationen vom Gegenüber unbewusst wahrgenommen – und bewertet. Diese Signale sagen unter anderem viel über Authentizität, Auftreten, Sicherheit aus. Und diese Signale kann der Mensch direkt mit seinen Gedanken steuern und beeinflussen. Hier liegt auch der Vorteil für alle Hundebesitzer. Der Hund spürt schon kleinste Unsicherheiten. Wenn man hier ansetzt und sich die „richtigen Gedanken, Bilder und Gefühle“ wortwörtlich in den Kopf setzt, erreicht man leichter die gewünschte Veränderung beim Hund. Wichtig zu beachten ist, dass jahrelang ritualisiertes Verhalten nicht von heute auf morgen „weggedacht“ werden kann. Hierfür braucht man ebenso Übung wie eine korrekte und kompetente Anleitung. Kleiner Tipp: Formulieren Sie Ihre „Botschaften“ ans Unterbewusstsein stets positiv. Das Wort NICHT versteht es nämlich „nicht“. Es muss alles so formuliert und visualisiert sein, wie es effektiv später sein soll, ohne Verneinungen.

Der Auslöser für das Verhalten Ihres Hundes basiert auf seiner Lernerfahrung. Da „ticken“ Menschen und Hunde nun mal gleich. Demnach ist es auch logisch, dass der Glaube, die Gefühle und Handlungen, je öfter diese durch ähnliche Situationen ablaufen bzw. abgerufen werden, sich immer mehr festigen. Auch Hunde sind „Gewohnheitstiere“. Trotz allem ist eine Änderung und Optimierung dieses Denk- und Handlungsprozesses möglich – und das anzustoßen liegt allein in Ihrer Hand.

Stellen Sie sich diese Situation mit Ihrem Hund vor: „Zieh nicht an der Leine!“

Welches Bild entsteht nun spontan in Ihrem Kopf? Genau – Ihr Hund zieht an der Leine. Alleine mit diesem Gedanken vermehrt sich schon die Chance, dass Ihr Hund weiterhin ziehen wird, da durch Ihren Gedanken Ihr Körper gesteuert wird und Sie eine ganz andere Körperspannung haben.

Wie wäre es nun mit diesem Bild im Kopf: „Mein Hund geht entspannt an lockerer Leine!“ Dieses Bild fühlt sich doch viel besser an, nämlich so wie Sie es wirklich wollen.

Nun setzen Sie sich für die Optimierung Ihres Denkens die „richtigen Bilder“ in

Ihren Kopf (also wie die Situation optimal für Sie und Ihren Hund ablaufen sollte). Zusätzlich verbinden Sie dieses tolle neue Bild mit ganz guten, entspannten, freudigen Gefühlen. Dadurch verändert sich nicht nur Ihr Denken in die gewünschte Richtung, Sie erzeugen neue Gewohnheiten und Denkmuster. Durch die gewünschten guten Gefühle spiegeln Sie dies auch durch Ihre Haltung wieder. Sie werden sehen, Ihre Beziehung mit Ihrem Hund wird mit dieser Hilfestellung schneller wie gewünscht verlaufen, wenn Sie es schaffen die „richtigen Bilder und Gefühle“ in Ihrem Denken zu haben.

Trainings-Tipp

Versuchen Sie bei einer (für Sie eher angespannten Situation) mit Ihrem Hund ganz souverän, freundlich und gelassen zu bleiben. Um Stimmungsübertragung positiv zu beeinflussen, müssen Sie wirklich „fühlen“, was Sie tun. Hier ist essentiell wichtig, dass Sie keinesfalls die Luft anhalten oder sich sonst wie „zusammenreißen“. Das würde sich sofort auf ihre Körperspannung übertragen, die der Hund wiederum spürt. Seien Sie wirklich gelassen und meistern Sie so gemeinsam die Situation mit Ihrem Hund. Denken Sie für Ihre Gelassenheit vielleicht an eine andere entspannte Situation mit Ihrem Hund.

Loben Sie Ihren Hund ausgiebig, wenn er sich besser als sonst verhalten hat! Anschließend analysieren Sie die Situation. Ist diese besser verlaufen als bisher? Hat Ihre innere Haltung und positive Einstellung etwas verändert?

In kleinsten Trainingsschritten beginnen Sie damit, Ihren Denkprozess und Ihren Abgleich zu verändern. Haben Sie bei ähnlichen Situationen mit Ihrem Hund überwiegend positive Erfahrungen gemacht, so ist Ihr Glaube, Ihr Gefühl, Ihre Handlung positiver, entspannter und gelassener. Dies überträgt sich auch auf Ihren Hund und auf sein Verhalten. Eine positive Veränderung folgt quasi von selbst.

Lob mich!

Wichtig ist, dass Sie erwünschtes Verhalten des Hundes unbedingt belohnen. Es muss sich für den Hund auszahlen, zu „folgen“ oder das von Ihnen gewünschte Verhalten zu zeigen.

Oft ist es nämlich so, dass brave Hunde „weniger“ Zuwendung bzw. Aufmerksamkeit bekommen. Nehmen Sie also gutes Benehmen nicht als selbstverständlich hin. Reagieren Sie nur auf seine Unarten, geben Sie Ihrem Hund damit immer nur dann Aufmerksamkeit, wenn er sich aus Ihrer Sicht heraus „schlecht“ verhält.

Ihr Hund will grundsätzlich nur eins: Lob, Aufmerksamkeit und seinen momentanen Zustand mit seinem Verhalten verbessern! Er tut alles, um das zu erhalten. Daher wird Ihr Hund sehr schnell lernen, mit welchem Verhalten er Sie und Ihre Aufmerksamkeit „auslösen“ kann. Und wenn er für schlechtes Benehmen schon kein Lob kriegt, so ist ihm die Aufmerksamkeit aber gewiss.

So tickt der Hund

Never change a running system.

Was für den Hund in vielen Fällen und langjährig zum Erfolg geführt hat, ändert er von sich aus nicht mehr. Der Hund ist ein „Gewohnheitstier“: Sofern es nicht unbedingt notwendig ist, neue Strategien zu entwickeln, um an das gewünschte Ziel (Aufmerksamkeit, Futter, Streicheleinheiten etc.) zu kommen, wird er es nicht tun. Sorgen Sie für den notwendigen Ansporn durch mehr Lob und Aufmerksamkeit!

Kapitel 2

Lernen lohnt sich

Die Basis für jede Weiterentwicklung ist das Lernen. Es bedeutet, Informationen aufzunehmen, sie zu verarbeiten und mit bereits vorhandenen Erkenntnissen abzugleichen. Für den Hund bedeutet Lernen: Verhaltensweisen zu wiederholen, die ihm (oder für ihn) angenehm sind und vor allem: die sich lohnen. Ein Verhalten, das sich lohnt (Stichwort: Leckerli), wird öfter gezeigt. Ja, so ist es – der hündische Weg des Lernens geht oftmals durch den Magen.

Lernen bedeutet, Informationen aufzunehmen, sie zu verarbeiten, neue Ideen zu speichern oder bereits vorhandene Inhalte zu verifizieren. Lernen beginnt beim ersten Atemzug und findet ein Leben lang statt. Um ein Überleben zu gewährleisten, muss ein Individuum sämtliche Informationen, die es im Laufe des Lebens sammelt und die für den Organismus wichtig – also entscheidend – sind, auch speichern. Es wäre ja fatal, immer wieder den gleichen Fehler zu machen, weil man aus dem vorher Erlebten nichts gelernt hätte. Lebewesen, die über die Fähigkeit verfügen, sich Informationen anzueignen und das eigene Verhalten entsprechend anzupassen, weil sie alle abgespeicherten Informationen jederzeit abrufen können, sind besonders erfolgreich. Mensch und Hund machen das so, auch wenn es dabei kleine Unterschiede zu beachten gibt.

Der Hund und das Wurstbrot

Stellen Sie sich folgende Situation vor: Sie sind gerade dabei ein Wurstbrot zu essen, da läutet das Telefon und sie müssen Ihr Wurstbrot auf dem Tisch stehen lassen und sich auf die Suche nach Ihrem Handy machen. Als sie es endlich gefunden haben und zu Ihrem Brot zurückkommen … ist es nicht mehr da. Ihr Hund war schneller, hat die Situation ausgenutzt und sich das Wurstbrot gestohlen.

Natürlich sind sie sauer und schimpfen Ihren Vierbeiner. Ihr Liebling schaut ja auch ganz schuldbewusst, hat den Schwanz eingezogen, geduckte Körperhaltung und beschwichtigt Sie sehr intensiv. Dadurch wird der Eindruck erweckt, als hätte der Hund ein schlechtes Gewissen. Wir Menschen fühlen uns bestätigt, dass durch unser „Schimpfen" der Hund gelernt hat, dass er etwas Falsches getan hat.

Aber hat er das wirklich?

Was ist aus Sicht Ihres Hundes eigentlich passiert: Er hat den Duft von etwas „köstlich nach Nahrung riechendem" aufgenommen. Er hat das Wurstbrot schnell gefunden, niemand war da, der es verteidigt hätte. Also warum sollte er es sich nicht nehmen, schließlich gehört das Aufnehmen von allerlei Fressbarem zu seinen

Grundinstinkten. Falls er aufgrund von vorhergehenden Erfahrungen gelernt hat, dass das Aufnehmen von Nahrung in Anwesenheit eines Menschen (oder seines Menschen) nicht sicher ist, da er bestraft/„geschimpft" wurde, dann wird er das in Zukunft vermeiden und nur dann Nahrung aufnehmen, wenn niemand anwesend ist.

Es scheint also, dass das mit dem schlechten Gewissen nicht ganz stimmt. Es ist doch vielmehr so, dass unsere Haushunde aus vorangegangenen Erlebnissen gelernt haben, dass etwas bedrohlich ist oder nicht, dass sich etwas lohnt oder eben nicht. Also unterscheidet er zwischen „sicher" oder „gefährlich", „lohnt sich" oder „lohnt sich nicht".

In unserem Fall hat der Hund anhand von Stimme, Blicken und Körperhaltung seines Besitzers gelernt, dass es für ihn bedrohlich ist, wenn er Nahrung (das Wurstbrot) aufnimmt, wenn der Besitzer anwesend ist. Er wird also versuchen, das nur noch dann zu tun, wenn niemand mehr anwesend ist und er damit in keine bedrohliche Situation kommt. Wenn er aber doch erwischt wird, dann zeigt er kein schlechtes Gewissen. Was wir beobachten können, ist nur eine Reaktion auf die gerade stattfindende Situation. Er wird geschimpft, das ist eine bedrohliche Situation für ihn und daher muss er alles tun, um die „Bedrohung" abzuwenden – indem er den Schwanz einzieht und eine geduckte Körperhaltung einnimmt und den Menschen mit allen Künsten zu beschwichtigen.

Aber lernt er, dass sich Stehlen nicht lohnt?

Nein, das Problem beim „Stehlen" ist nämlich, dass es ein extrem selbst belohnendes Verhalten ist. So als würden wir auf der Straße einen 100-Euro-Schein finden. Obwohl die Wahrscheinlichkeit nicht sehr groß ist, auf der gleichen Stelle wieder einen zu finden, werden wir dennoch genau hinsehen, wann immer wir wieder dort vorbeikommen. Finden wir dort irgendwann tatsächlich noch einmal einen Geldschein, dann werden wir ziemlich sicher möglichst häufig unseren Weg dort vorbeiführen – für alle Fälle, man kann ja nie wissen!

Warum sollte es Hunden anders gehen?

Unsere Hunde lernen nicht, dass es sich nicht lohnt, zu stehlen. Sie werden nur Strategien und Möglichkeiten entwickeln, um an das Fressbare heranzukommen, wenn niemand da ist. Das Beschwichtigungsverhalten ist ein Resultat einer Hunde-Erfahrung: Der Mensch kommt zurück – und die Situation wird bedrohlich.

Das Gesetz des Lernens

Lernen bedeutet, Informationen aus Umwelt und Umgebung aufzunehmen und wenn sie für das Individuum wichtig sind abzuspeichern. Auf diese gespeicherten Daten kann man jederzeit zugreifen, wenn es darum geht, Probleme zu lösen. Erfolg und Misserfolge dienen dazu, die eigenen Verhaltensweisen zu adaptieren und anzupassen. Doch was bedeutet es, einen Fehler zu begehen? Eine mögliche Definition ist, dass Fehler „ein nicht gewünschtes Ereignis auf dem persönlichen Weg“ sind. Nicht mehr und nicht weniger. Dementsprechend sollte man sie als einen persönlichen Indikator dafür sehen, eine Kurskorrektur vorzunehmen. Deshalb: Trauen Sie sich, Fehler zu machen. Das ist schwierig, weil Menschen von klein auf gelehrt wird, dass wer Fehler macht, weniger Anerkennung bekommt. Deshalb vermeidet man eigenes Fehlverhalten und weist anstatt dessen gern auf die Fehler anderer hin. Das bedeutet aber in der Konsequenz nichts anderes, als sich auf Kosten anderer zu profilieren. Dieses sogenannte „Fehlerspiel“ bewirkt jedoch, dass die Angst vor Fehlern bei allen immer größer wird und sowohl die individuelle als auch die gesellschaftliche Entwicklung behindert wird.

Sind Fehler immer falsch?

Fehler ist nicht gleich Fehler. Was für den einen ein Fehler ist, muss für den anderen nicht notgedrungen auch ein Fehler sein. Besonders wenn es sich um zwei verschiedene Spezies handelt, kann man nicht davon ausgehen, dass gleiche Ereignisse und Erlebnisse gleiche Emotionen oder Verhaltensweisen auslösen.

Zurück zu unserem „Wurstbrot-Beispiel“: Der Hund riecht, dass etwas Essbares im Raum ist, seine Instinkte treiben ihn dazu, es sich zu holen. Aus der Sicht des Hundes ist dieses Verhalten kein Fehler.

Der Hund in unserem Beispiel hat gelernt, dass der Mensch seine Ressource „Wurstbrot“ recht vehement verteidigt. Sobald aber der Mensch den Raum verlässt, ist die Ressource frei und der Hund kann sie sich nehmen. Nichts anderes passiert in freier Wildbahn: Verlässt ein Wolf seine Beute, ist sie für alle anderen frei zugänglich.

Unser Hund hat gelernt, dass er das Wurstbrot nur in Abwesenheit des Menschen nimmt, und hat damit ein Ziel erreicht: Das Wurstbrot zu fressen, ohne Ärger zu bekommen! Ein gutes Beispiel für „hündische" Logik!

Solche Kurskorrekturen können jedoch nur vorgenommen werden, wenn entsprechende Indikatoren ein Abweichen vom Weg ermöglichen. Würde es solche Hinweise nicht geben, würde man Zeit seines Lebens immer den falschen Weg gehen.

So „tickt" der Hund

Werden Hunde vor eine neue Aufgabe gestellt, so werden sie mit ihrem ganzen Verhaltensrepertoire ausprobieren, ob sie mit einem bestimmten Verhalten Erfolg haben. Funktioniert dieses bestimmte Verhalten, werden sie es ab dann vermehrt zeigen. Jedem Hund stehen alle einmal erlernten und angeborenen Verhaltensweisen bei jeder Problemlösung zur Verfügung. Er wird jedoch zuerst auf die zurückgreifen, mit der er am häufigsten Erfolg hatte. Nur falls ein Verhalten einmal nicht zum Ziel führt (aus „hündischer Sicht"), wird er eine andere Lösung suchen.

Zwei Sichtweisen – nutzen Sie Ihre Chance

Zeigt der Hund ein Verhalten, das für ihn selbst zwar keinen „Fehler" darstellt, vom Hundehalter aber sehr wohl als falsches Verhalten empfunden wird, kommt es zum Konflikt zwischen den beiden. Es muss daher eine für beide Seiten positive Lösung gefunden werden. Eine Möglichkeit wäre, dass der Mensch ein Alternativverhalten vom Hund bestärkt und damit den Konflikt gar nicht erst entstehen lässt. Der Hund muss aus diesem Alternativverhalten je-

doch einen gleich großen Nutzen ziehen können.

Ein Beispiel für den „Wurstbrot stehlenden Hund“: Wenn der Mensch den Raum mit dem unbewachten Brot verlässt, kann er den Hund zu sich rufen und ihn mit einer Futterbelohnung fürs Kommen belohnen. Die hochwertige Futterbelohnung ist für den Hund ein adäquater Ersatz für das Wurstbrot und der Mensch hat beim Zurückkommen sein Wurstbrot noch am Tisch.

Trainings-Tipp

Hunde können nur dann Ereignisse miteinander verknüpfen, wenn sie binnen einer Sekunde aufeinander folgen. Schlecht ist, wenn wir dem Hund das Kommando „Sitz“ geben und er sich hinsetzt, aber in dem Moment der Belohnung wieder aufsteht. Hier sollte man darauf verzichten, ihm sein Leckerli zu geben, denn der Hund lernt nicht, dass es fürs „Sitzen“ eine Belohnung gibt, sondern fürs „Aufstehen“.

Folglich wird er auf das Kommando „Sitz“ nur noch ganz kurz das Hinterteil senken, aber dann sofort wieder aufstehen. Achten Sie immer darauf, Ihrem Hund nur dann die Belohnung zu geben, wenn er das gewünschte Verhalten ausführt, also beim Kommando „Sitz“ wirklich am Boden sitzt. Dies bedeutet auch, dass Sie die Übung so gestalten müssen, dass der Hund zum Erfolg kommen kann.

Oder: Ihr Hund springt immer an Ihnen hoch, sie möchten aber, dass er sich stattdessen ruhig vor Sie hinsetzt. Erinnern Sie sich an Kapitel I – unsere Gedanken beeinflussen unser Tun. Daher denken Sie ab sofort daran, was Sie von Ihrem Hund wollen => Dass sich Ihr Hund vor Sie hinsetzt. Trainieren Sie zuerst ein einfaches „Sitz“ und denken auch daran(!), um das unerwünschte Hochspringen loszuwerden. Springt Ihr Hund das nächste Mal wieder hoch, dann geben Sie das Kommando „Sitz“. Unterstützen Sie dieses „Sitz“ durch Ihr eigenes richtiges Denken und gezieltes Belohnen mit Futter, dann haben Sie das für Sie unerwünschte Verhalten ihres Hundes schnell abtrainiert und der Hund lernt, dass das unerwünschte Verhalten „hochspringen“ nicht belohnt wird, also zu keinem Erfolg mehr führt und das neu erlernte Verhalten ihm sehr viel bringt.

Kapitel 3

Was erwarten wir von unserem Hund?

Wünschen, träumen, hoffen – das ist typisch Mensch. Auch wenn es um den eigenen Hund geht, haben Menschen eine gewisse Erwartungshaltung. Nicht selten jedoch sind die Menschen ein bisschen enttäuscht, dass ihr Hund nicht so ist wie die anderen. Dabei liegt alles, was ein Hund kann – oder eben nicht kann – zu einem hohen Anteil in des Menschen Hand. Klare Ziele, kontinuierliches Training und gemeinsam verbrachte Zeit sind der Schlüssel zum Glück & Erfolg.

Menschen mit Hunden sind ähnlich wie Eltern auf dem Spielplatz. Immer haben sie ein wachsames Auge auf den eigenen Liebling – und mit dem anderen schielen sie auf die Kinder anderer Eltern, die schon so viel weiter sind als das eigene. Oft kann es einem frischgebackenen Hundebesitzer gar nicht schnell genug gehen, bis der Vierbeiner die ersten Befehle befolgt oder das erste Kunststück kann. Dabei vergisst man ganz oft, was eigentlich alles dazu gehört, dass aus Wünschen, Träumen und Hoffnungen Realität wird

„Jede Reise beginnt mit einem ersten Schritt" – und jedes Hundetraining beginnt mit einer ersten Zielsetzung. Dazu braucht es die Erkenntnis, was man denn eigentlich erreichen will. Ein eigenes, bewusst gewähltes Ziel ist ein wichtiger Schritt, um vom Träumen ins Tun und Handeln zu kommen.

Was will ich erreichen? Was kann ich erreichen?

Alles, was Ihr Hund in Ihren Vorstellungen lernen soll, lernt er von Ihnen. Ohne das geht es nicht. Es ist müßig darüber zu philosophieren, was ein Hund will, denn diesbezüglich sind unsere Vierbeiner zwar phantasiebegabt, doch für uns Menschen sind diese Phantasien oftmals nicht umsetzbar. Hunde wollen fressen, spielen, schmusen, sinnvoll und möglichst artgemäß beschäftigt werden, mit ihren Menschen zusammen sein, Aufmerksamkeit, regelmäßige Gassirunden… und ab und zu auch eine kleine Herausforderung. Nun ist es aber nicht so, dass Hunde unbedingt diese neuen Herausforderungen suchen – aber sie nehmen sie dankbar an, weil auch der Hundekopf gefordert werden möchte. Ein Hund kann also in unserer Zeit nicht selbst entscheiden, was er lernen will, sondern muss sich hier diesbezüglich absolut auf seine Menschen verlassen.

Um etwas zu erreichen, ist die bewusste Entscheidung und Auseinandersetzung mit dem Ziel essentiell wichtig! Was also soll der Hund lernen?

Nun könnte man sich natürlich irgendein tolles Kunststück ausdenken, doch das ist vielleicht nicht sinnvoll, denn Mensch und Hund müssen die entsprechenden Voraussetzungen (konditionell und gesundheitlich) mitbringen. Insofern sollte man wirklich realistische Ziele wählen, welche für beide Partner – also für Mensch und Hund – möglich sind.

Auch in Sachen Hundetraining gilt: Formulieren Sie ihre Ziele „SMART"!

S steht für spezifisch

M steht für messbar

A steht für aktionsorientiert

R steht für realistisch

T steht für terminiert

Haben Sie ein Ziel im Sinn, dann überprüfen Sie die Chance, es auch zu erreichen, anhand der SMART-Formel. Dazu gilt es festzustellen:

Spezifisch: Hat der Hund/haben Sie die Voraussetzungen, das gesteckte Ziel zu erreichen? Beispiel: Hat Ihr Hund oder Sie Rückenprobleme, dann schließen sich manche Kunststücke von selbst aus.

Messbar: Ihr zu erreichendes Ziel muss definierbar/messbar sein. Beispiel: Wie sieht das Kunststück genau aus und wie wird es ausgeführt? Schließlich sollten Sie ja wissen, wann Ihr Ziel erreicht ist.

Aktionsorientiert: Lässt sich das Ziel in einzelne Übungsschritte unterteilen, so dass diese zusammengenommen Sinn ergeben und eine machbare Handlungskette für Ihren Hund bilden? Zusätzlich muss Ihr Ziel über Ihre Tätigkeit, also über ihre Aktionen, erreicht werden können.

Realistisch: Ist das Ziel unter den gegebenen Voraussetzungen (z.B. räumlich, zeitlich) überhaupt durchführbar?

Terminiert: Bis wann ist das Ziel zu erreichen? Fixer Zeitpunkt!

Wenn Ihr Ziel nun der SMART-Formel entspricht, sind Sie bereits auf dem richtigen Weg. Denn Energie folgt der Aufmerksamkeit und alleine die genaue Planung vermehrt schon die Chance, dass Sie Ihr Ziel erreichen werden. Scheuen Sie sich nicht, sich Ihr Ziel zu visualisieren!

Malen Sie sich geistig (oder real) aus, wie das fertige Ziel mit Ihnen und Ihrem Hund aussieht! Wir brauchen für unsere Zielerreichung ganz klare Vorgaben und um diese niemals aus den Augen zu verlieren, sollten Sie Ihr Ziel visualisieren. Befestigen Sie Ihr visualisiertes Ziel (ein Bild) beispielsweise am Kühlschrank, wo Sie es oft sehen, und so dient es direkt auch als kleiner „Erinnerungsanker", um auch auf dem Weg zu Ihrem Ziel zu bleiben.

Bitte bedenken Sie bei Ihrer Zielplanung unbedingt, wie das „Endprodukt" aussehen soll. Lassen Sie sich Zeit und gehen

Sie ins Detail. Wie wird das „Lehrstück“ fertig aussehen? Und nun überlegen Sie sich den Weg dorthin, bedenken Sie alle Widrigkeiten – aber ACHTUNG: Lassen Sie sich nicht von Ihrem Verstand und den Widrigkeiten direkt bei der Zielplanung ablenken und zum Aufgeben bewegen. Da kommen vielleicht solche Gedanken wie „Das schaffst Du eh nicht!“ oder „Das hältst Du nie durch!“. Hier meldet sich Ihr Gehirn mit dem Abgleich von früher Erlebtem oder Anerzogenem (siehe auch Kapitel I). Überlegen Sie nun, ob diese Warnungen Ihres Gehirns für Sie so in der Form jetzt noch Sinn machen.

Für die „Pessimisten“: Überlegen Sie sich den Weg zur Zielerreichung ein paar weniger Widrigkeiten und die Optimisten sollten ein paar Widrigkeiten mehr einkalkulieren und direkt die Lösung/den Weg zum Ziel mit diesen suchen.

Was kostet es?

Nachdem das Ziel nun genau definiert ist, müssen wir den Aufwand kalkulieren. Also sind Sie auch bereit, den nötigen Aufwand für dieses Ziel zu erbringen? Oftmals merkt man bei der Aufwandsbestimmung für das Training zu einem speziellen Lehrstück, dass das Training sehr komplex ist und viel länger dauern wird als vorab angenommen. Die Bestimmung des Aufwandes ist aber essentiell wichtig, damit Sie einen genauen Plan vor Augen haben. Sonst kann es unter anderem passieren, dass Mensch und Hund beim Training frustriert sind, weil es zu lange zum Ziel dauern würde und das Ziel nicht erreicht wird.

Berechnen Sie nun den Aufwand den Sie für Ihre Zielerreichung haben. Wie viel Training pro Tag ist von Nöten? Benötigt man

nun für dieses spezielle Kunststück einen komplexen Übungsaufbau (also mehrere einzelne Teile, die dann in einen Ablauf zusammengefügt werden), beispielsweise über den Tag verteilt insgesamt 30 Minuten, jedoch jeweils in kurzen Einheiten von max. 5–10 Minuten. Haben Sie diese Zeit jeden Tag und haben Sie auch die genügende Ruhe an einem vielleicht stressigen Tag, mit Geduld und Konsequenz das Training durchzuführen? Zusätzlich ist es zu Beginn wichtig, in ablenkungsarmer Umgebung zu trainieren, aber die Ablenkung mit Lernfortschritt zu steigern. Daher muss man später auch andere Orte aufsuchen, damit man das erlernte „Kunststück" mit dem Hund bestmöglich „generalisieren" (Übertragung des Erlernten und der Ausführung auch an anderen Orten und unter anderen Begebenheiten) kann.

Das Gesetz des Willens

Wenn wir nicht wissen, was wir wollen, wie sollen wir dann wissen, wie wir dort hinkommen?! Deshalb ist ein Ziel die Grundvoraussetzung für alles Weitere, sonst bleiben es immer nur Träume, doch ist der Wille einmal vorhanden – ist jeder Weg offen. Die eigene Zielsetzung ist die Basis, um überhaupt einen Willen entwickeln zu können und die nötige Kraft für die Dauer des Projektes aufzubringen. Es gilt den Aufwand zu eruieren, um die nötige Energie aufzubringen, ein Projekt durchzuziehen. Schätzen Sie den zu erbringenden Aufwand lieber ein bisschen größer ein. Der Einsatz, der sich lohnt, macht den Unterschied zwischen Träumern und Siegern. Für Sie muss das Ziel einen Sinn haben. Fokussieren Sie sich auf das Wesentliche, konzentrieren Sie Ihre Kraft und nützen Sie diese sinnvoll. Mobilisieren Sie zusätzliche Kräfte durch Visualisierung und Schweigen: Um unser Unterbewusstsein zu unserer Unterstützung zu gewinnen, ist es notwendig, Vorfreude (Gefühle) zu generieren.

Stellen Sie sich also Ihren zukünftigen Erfolg immer wieder vor. Schwächen Sie Ihren Willen nicht dadurch, dass Sie schon vorab Lorbeeren ernten. Schweigen Sie und schöpfen Sie Energie aus der Vorfreude.

Der Weg ist das Ziel!

Das hat Konfuzius gesagt – und Ihr Hund würde das auch sagen, wenn er denn könnte. Für Ihren Vierbeiner ist es wichtig, dass er Zuwendung, Geborgenheit und Sicherheit spürt. Und wenn Sie sich dementsprechend ausführlich mit dem gemeinsamen Lernen beschäftigen, wird er seinen Teil zum Gelingen des gemeinsamen Projekts sicher beitragen. Das Zusammensein an sich ist ihm Ansporn genug.

Um ein so positives Feedback zu bekommen, ist es natürlich notwendig, dass Sie die Fähigkeiten Ihres Hundes richtig einschätzen.

Überlegen Sie nun anhand dieses Beispiels, wie viel Aufwand ein „Komm-Kommando“ sein kann. Auf Rufen zuverlässig zu „Kommen“ ist ja eines der wichtigsten Kommandos, welches jeder Hund beherrschen sollte:

Beim Lernen eines neuen Kommandos sind Hunde zunächst freudig und aufmerksam, da sie von Natur aus neugierig und an Neuem interessiert sind. Damit der Hund aber auch später in jedem Fall zuverlässig kommt, wenn man ihn ruft, muss das Kommando sehr souverän, öfter und konsequent mit der notwendigen positiven Verstärkung in verschiedensten Situationen geübt werden. Es muss sich „lohnen“ zu kommen! Deshalb sollten Sie sich für Ihren Hund interessant machen. Ein häufiger Fehler ist, dass die „guten“ Belohnungen (Ball, Wurst etc.) zu früh gegen langweilige Leckerli (z.B.: Trockenfutter etc.) ausgetauscht werden. Erst wenn das Kommando wirklich perfekt erlernt ist und der Hund sich nicht mehr im Übungsaufbau befindet, kann von der „Immerbestätigung“ auf die „Intervallbestätigung“ gewechselt werden.

So könnte der Trainingsaufbau am Beispiel des „Komm-Kommandos“ aussehen:

Man beginnt dieses in einem entspannten Moment, wo rundherum keine Ablenkungen sind. Kommt Ihr Hund jedes Mal, wenn Sie

So „tickt“ der Hund

Sie erinnern sich: Lernen bedeutet für den Hund, Verhaltensweisen vermehrter zu zeigen, die ihm (oder für ihn) angenehm sind und vor allem: die sich lohnen. Verhaltensweisen, die ihm unangenehm sind und keinen Nutzen bringen, wird er weniger zeigen. Ein Verhalten, das sich lohnt, wird öfter gezeigt. Zum Beherrschen eines Kommandos und zum Einüben, ist Anzahl der Wiederholungen, die dazu benötigt werden, von Hund zu Hund verschieden, aber in der Regel kann man von rund 50 bis 100 Wiederholungen ausgehen. Ein gewisses Augenmerk sollte nach dem Erlernen später auch dem „behalten“ gelten.

ihn rufen, freudig gelaufen, dann gibt's eine tolle Belohnung für ihn und der erste Schritt des Trainings ist schon erfolgreich absolviert.

Überlegen Sie sich bitte vorher, was Ihr Hund genau machen soll. Soll er nur kommen und sich „kurz melden" oder soll er auch vorsitzen? Dies ist sehr wichtig, da Sie ein fertiges Ziel vor Augen haben sollten, um genau zu wissen, welches Verhalten von Ihnen belohnt wird. Nach dieser Überlegung beginnt man ein Kommandowort auszuwählen, das man freudig und weich sprechen kann und welches im Alltag nicht anderweitig verwendet wird, da es für den Hund sonst an Bedeutung verliert. Seien Sie kreativ, aber Achtung, nehmen Sie nur Kommandos, welche Sie auch wirklich in der „Öffentlichkeit" rufen wollen. ☺

Für manche Hundehalter empfiehlt es sich, einen Pfiff (mit oder ohne Hundepfeife) als Kommando einzutrainieren. Dies hat den Vorteil, dass der Befehl immer gleich ist! Eine Hundepfeife ist vor allem für Hundehalter von Vorteil, die in der Stimme die Emotionen nicht zurückhalten können, denn: auch wenn der Hund nach zweimaligem Rufen nicht kommt, darf die Stimme nie hysterisch oder wütend klingen. Da Hunde unter anderem „Sichtjäger" sind, empfiehlt es sich auch, ein gut erkennbares und klar abgegrenztes Sichtzeichen dazuzulernen. Am Anfang überlappt meist das eine Kommando (Sichtzeichen) das andere (Hörzeichen), aber mit der notwendigen Übung kann der Hund das ganz klar auseinander halten und kommt dann auch, wenn er nur das Kommando sieht und z.B. wegen starkem Wind nicht mehr hört.

Dann kann die Ablenkung mit dem Lernfortschritt gesteigert werden. Achten Sie darauf, dass Sie hier nicht zu schnell vorgehen und/oder zu große Ablenkungen bereits am Anfang einbauen, da das den Erfolg schmälern kann und der Hund wieder lernen könnte, dass er doch nicht immer zu kommen braucht. Üben Sie nur ab und zu über den Tag verteilt, das bringt oftmals mehr als exzessives Training.

Der zweite Schritt ist nun, dieses bereits erlernte Kommando auch in einer anderen, schon etwas ablenkungsreicheren Umgebung anzuwenden. Meistens eignet sich dazu ein geschlossener Garten oder auch eine leere Wiese gut. Anfänglich kann ihr Hund in dieser neuen Umgebung etwas verunsichert sein und das Kommando nicht sofort (oder ungenau) ausführen. Bleibt man jedoch ruhig und wiederholt das Kommando in der gleichen Art und Weise wie in den eigenen vier Wänden, dann wird der Hund schnell begreifen, dass er das ja schon gelernt hat, und er wird es dann auch richtig machen. Damit ist der zweite Schritt zur Festigung des Erlernten getan.

Der dritte Trainingsschritt ist, das bereits in ruhiger Umgebung und bei leichter Ablenkung trainierte Kommando auch außerhalb einer gesicherten Umgebung und bei viel Ablenkung zu üben. Wichtig ist, immer nur einen Faktor zu variieren und nicht zu viele auf einmal, damit der Hund nicht überfordert wird. Wenn ich zum Beispiel einen Hund habe, der sich durch die Anwesenheit anderer Hunde leicht ablenken lässt, muss ich strukturiert anfangen. Dann ist es wichtig, dass ich den Trainingsschritt so aufbaue, dass ich mein Komm-Kommando als erstes auf einer freien Wiese trainiere, wenn mein letzter Schritt im eigenen Garten stattgefunden hat. Wenn man eine Wiese wählt, wo viele andere Hunde und Kinder spielen, dann überfordere ich meinen Hund – und ein Trainingserfolg wird ausbleiben und Mensch & Hund sind über den Misserfolg demotiviert oder frustriert. Wähle ich meinen Trainingsplatz aber so, dass die Wiese einmal leer ist und dann langsam immer öfter ein Kind kommt und in weiterer Folge vielleicht ein anderer Hund vorbeigeht, kann ich meinem Hund in kleinen Schritten (immer einen Faktor nach dem anderen dazu fügen) zu einem guten Lernerfolg verhelfen.

Anhand dieses Beispiels haben Sie nun sicher verstanden, wie aufwendig Hundetraining sein kann und warum es so sorgfältig geplant und durchdacht werden sollte.

Vom Denken zum Handeln kommen

Nun stehen Sie am Punkt der Entscheidung! Sie haben ein ganz genaues Ziel vor Augen, kennen Ihren Weg und haben auch alle Möglichkeiten durchdacht. Nun haben Sie sich den Aufwand durchgerechnet und wissen genau: „JA! Das ist mein

Ziel!" Direkt bei der Entscheidung sind die Energie und die Euphorie am größten. Daher setzen Sie sofort den ersten Schritt zur Zielerreichung und machen eine kurze Trainingssequenz mit Ihrem Hund. Wichtig ist hier, dass man direkt ins „TUN" kommt, da unser Verstand sich sonst wieder mit all den alten Gedankenmustern und Zweifeln meldet. Durch das TUN kommen Sie direkt in die Handlung und verschwenden so keine Gedanken mehr daran, was nicht alles „schieflaufen" könnte und Ziel und Entscheidung vielleicht doch nicht so gut sind.

Trainings-Tipp

Setzen Sie sich zu Beginn ein kleines, schnell erreichbares Ziel, um sich in Ihrer Zielformulierung zu üben:

Sie wollen die „Sitz-Übung" mit ihrem Hund perfektionieren. Überlegen Sie nun vorab, wie soll das „Sitz" genau verbessert werden, soll Ihr Hund gerader „sitzen" oder sich schneller hinsetzen? Nehmen wir nun an, dass er sich schneller hinsetzen soll, dann gehen Sie gedanklich durch, wie das auszusehen hat. Wie zeigt sich ein schnelleres „Sitz"? Denn nur mit Ihrer genauen Visualisierung wissen Sie auch, welches Verhalten Sie von Ihrem Hund erwarten und welches weniger. Nun überlegen Sie sich, was zur Zielerreichung von Nöten ist und was der Aufwand dazu wäre. Vergessen Sie nicht, auch über die Gesundheit Ihres Hundes nachzudenken. Es kann z.B. einen gesundheitlichen Grund geben für ein „langsames Absitzen", beispielweise Probleme in der Wirbelsäule/Hüfte etc.

Wir gehen nun davon aus, dass Ihr Hund super fit ist und Sie eine tolle Zielformulierung, Aufwandsbestimmung und Visualisierung haben. Dann LOS! Starten Sie sofort die erste Trainingseinheit. Lustig, knackig, spaßig und versuchen Sie so Ihren Hund in ein schnelleres „Sitz" zu bewegen. Legen Sie sich direkt auch eine Belohnung für Ihren Hund auf die Seite, da Sie dieses tolle Verhalten gleich bestätigen müssen, wenn Ihr Hund es gezeigt hat. Für den Anfang reicht EIN schnelleres „Sitz" und die erste Trainingssequenz ist beendet.

Immer positiv und freudig das Training anfangen und beenden, dann steigt die Motivation von Ihnen und Ihrem Hund, noch mehr zu trainieren.

Kapitel 4

Wie kommen wir gemeinsam ans Ziel?

Für ein harmonisches Miteinander von Hund und Mensch braucht es nicht nur Zuneigung und Liebe, sondern auch die Bereitschaft, ein wenig Arbeit und Mühe in ein gemeinsames Training oder in gemeinsame Aktivitäten zu investieren.

Diese Erkenntnis trifft die meisten Hundehalter irgendwann einmal: Fakt ist, viele Hunde sind unterbeschäftigt und unterfordert. Und vor allem bei jüngeren Hunden kann diese Unterbeschäftigung schnell zu Verhaltensproblemen führen. Die Lösung: Weniger reden – mehr tun!

Die Aufgaben des Hundes haben sich im Lauf der Zeit stark gewandelt. Früher war der Hund hauptsächlich Bewacher von Haus und Hof, Jagdgehilfe oder Beschützer – und diese Aufgaben sind immer noch hin und wieder von ihm gefordert. Heute aber ist der Hund überwiegend ein „Sozialpartner“. Hunde begleiten uns im alltäglichen Leben – ohne eine gezielte Aufgabe.

Hunde fungieren als Begleiter bei Freizeitaktivitäten wie Wandern, Laufen oder Radfahren, aber genauso als Spielgefährte für Kinder. Manchmal haben Sie auch noch die Aufgabe, Haus und Garten zu bewachen, um den Menschen ein gewisses Maß an Sicherheit zu vermitteln. Grundsätzlich jedoch sind Hunde einfach „um Menschen herum“, sie bekommen Futter, Streicheleinheiten, Aufmerksamkeit und hoffentlich drei bis vier tägliche Spaziergänge.

Einige eifrige Hundebesitzer, vor allem die „Frischgebackenen“, gehen mit ihren Hunden in eine Hundeschule, wo man die Grundkommandos wie Sitz, Platz und Komm erlernt. Eine notwendige Aufgabe, um im alltäglichen Leben miteinander einen problemlosen Ablauf zu gewährleisten.

Leider jedoch lässt bei vielen Hundebesitzern der Eifer gleich einmal stark nach, wenn sie den Hundeschulplatz verlassen. Das Training findet nur dort statt, aber nicht mehr in den eigenen vier Wänden. Es sollte ausreichen, wenn man einmal die Woche ein bis zwei Stunden investiert, dass der eigene Hund die wichtigsten Kommandos erlernt.

Und ist die Hundeschulzeit vorbei, fallen auch diese wenigen Trainingseinheiten weg. Zurück bleibt das Wissen, etwas mit dem eigenen Hund tun zu müssen, aber meistens reicht es nur für drei Spaziergänge am Tag und das war’s dann aber auch schon. Der gute Vorsatz „Morgen trainiere oder beschäftige ich mich mit meinem Hund wieder“ wird schnell gefasst, aber nie in die Tat umgesetzt. So verbringen viele Menschen ihr Leben mit guten Vorsätzen, kommen aber nie ins Handeln. Man lebt sein Leben weiter und arrangiert sich mit einem Hund, der „halt nicht folgt“.

Das Gesetz des Angriffs

Weniger reden – mehr handeln! Damit lässt sich dieses Gesetz auf den Punkt bringen. Die meisten Menschen verbringen ihr Leben mit guten Vorsätzen, kommen aber nie zum Handeln. Sich bewusst zu entscheiden ist die Grundlage für einen erfolgreichen „Angriff". Liefern Sie keine Erklärungen für andere, sondern handeln Sie eigenverantwortlich – das macht Sie zur Führungspersönlichkeit. Während andere noch zaudern und zweifeln, sollten Sie bereits wissen, was zu tun ist. Und am besten beginnen Sie gleich jetzt damit. Der unbedingte Wille steht als „Kraftspender" zur Verfügung und wird Sie auch in schwierigen Situationen mit Energie versorgen. Denn: Der Mensch wächst mit seinen Aufgaben – und Herausforderungen sind nur die notwendigen Meilensteine auf dem Weg zum Ziel. Und dieses Wachsen geschieht gänzlich von alleine. Sie müssen nur die ersten Schritte tun: sich entscheiden und unverzüglich handeln. Denn das Geheimnis liegt schlicht und einfach darin, eine Sache ins Laufen zu bringen. Handeln beginnt immer mit dem Wort „jetzt" und der sofortigen Umsetzung. Denn am Punkt der Entscheidung ist die unterstützende Energie am höchsten!

Tun oder nicht tun – das ist hier die Frage

Leider kann es passieren, dass die eigene Unentschlossenheit dazu führt, dass gewisse Dinge nicht „in Angriff" genommen werden und man in der Folge immer unzufriedener wird.

Oft überträgt sich diese Unzufriedenheit dann auf den Hund, der nicht folgt – und der einem damit die eigene Untätigkeit vor Augen führt.

Nur den Willen zu bekunden, aber nicht zu handeln, lässt allein die Möglichkeit offen, dass die Umsetzung oder Nichtumsetzung des Vorhabens bei anderen liegt.
Aber erst die Entscheidung, ein Vorhaben umzusetzen, bringt die Wirkung nach außen. Erst wenn man aktiv bei einer Sache ist, dann wirkt man auf seine Umwelt ein. Bleibt man nur passiv, wirken ständig andere Kräfte gegen den eigenen Weg.

Wichtig ist, aktiv und bewusst die Entscheidung zu treffen, mit seinem Hund zu trainieren. Nur dann werden Hund und Mensch Erfolg haben.

Langeweile ist „tödlich“

Viele Hundebesitzer gehen nicht einmal in eine Hundeschule. Das sind diejenigen, die „eh schon wissen, wie es geht“, und lieber selber mit dem Hund trainieren. Das kann gut gehen, muss es aber nicht.

Übrig bleiben Hunde, die Jahrhunderte nach spezifischen Fähigkeiten und Aufgaben und Rasse selektiert und gezüchtet wurden und diese Fähigkeiten nicht mehr ausleben dürfen. Außerhalb der Spaziergänge sollen sich unsere Hunde ruhig verhalten und ansonsten keine Probleme machen.

Die Folge: Die meisten dieser Hunde sind unterbeschäftigt und unterfordert. Und vor allem bei jüngeren Hunden kann diese Unterbeschäftigung schnell zu Verhaltensproblemen führen.

Für ein harmonisches Miteinander zwischen Hund und Mensch braucht es mehr als Zuneigung und Liebe, es braucht die Bereitschaft, ein wenig Arbeit und Mühe in ein gemeinsames Training, in eine gemeinsame Beschäftigung zu investieren.

Macht man das nicht, entwickelt der eigene Hund im schlimmsten Fall Verhaltensweisen, mit denen man gar nicht einverstanden ist. Einfache Kommandos wie Sitz, Platz oder Komm sind leicht mit dem eigenen Hund zu trainieren und jeder Hundebesitzer und Hund sollte sie beherrschen. Um ein erfolgreiches Training für beispielsweise ein Sitzkommando zu starten, sollte man eines zuerst beachten: Alle Lebewesen lernen aus ihren Erfolgen, nicht aus ihren Misserfolgen! Positiv und angenehm erlebte Verhaltensweisen versuchen Mensch und Tier dementsprechend zu wiederholen.

Trainings-Tipp:

Mit jeder Erinnerung an Vergangenes, dies kann auch ein „Sitz“ sein, verbinden uns auch Gefühle an die Situation, daher ist es sinnvoll, immer positiv mit dem Hund zu trainieren. Wenn ich dies mit Gewalt und rohem Umgang trainiere, dann verknüpft der Hund mit dem Kommando auch das negative Gefühl: Ängste etc. Dies kann also keine Basis für ein respekt- und vertrauensvolles Miteinander sein.

Positive Bestärkung ist das Zauberwort

Würden Sie jeden Tag zur Arbeit gehen, wenn Sie nichts dafür bekämen? Kein Gehalt, keine persönliche Anerkennung? Wahrscheinlich nicht – also warum sollte Ihr Hund für „NICHTS“ eine Leistung bringen? Oft wird das erwünschte Verhalten bei unseren Hunden als selbstverständlich angesehen und wir vergessen, unsere Hunde zu loben oder zu belohnen. Verhalten, welches nicht belohnt wird, wird dadurch seltener und kann verschwinden. Darum bestärken Sie Ihren Hund immer dann mit etwas Nettem, wenn er ein für Sie erwünschtes Verhalten zeigt!

Es gibt zwei Arten von Bestärkung: die positive und die negative. Eine positive Bestärkung ist etwas, was der Hund bekommen will, also Futter, Streicheln oder Lob. Eine negative Bestärkung ist etwas, was der Hund vermeiden will – ein Schlag, ein unangenehmer Ton.

Ein Verhalten, das positiv verstärkt („belohnt“) wird, wird zunehmend häufiger auftreten. Die Annahme, dass ein Hund aus Zuneigung, Pflichtbewusstsein oder Treue folgt (folgen muss!), hat zwar lange Tradition, entbehrt aber jeglicher wissenschaftlichen und logischen Grundlage. Die richtige Belohnung ist immer das, was der Hund in dem Augenblick haben möchte.

Einige Möglichkeiten der positiven Belohnung:

- Futter: universell einsetzbar, interessiert fast jeden Hund.
- Beute: Spielzeug als Beuteersatz, besonders bei schnellen Übungen.
- Bewegung: gemeinsames Laufen.
- Berührung: Streicheln.
- Stimme: freundliches Lob.

Für die meisten Hunde und die meisten (Belohnungs-)Situationen hat sich Futter als sehr effektiv herausgestellt. Allerdings ist das richtige dabei sehr wichtig. Die positive Verstärkung in Form eines Futterstückes muss sofort (längstens eine Sekunde verzögert) erfolgen, da der Hund sonst ein falsches, später gezeigtes Verhalten damit verknüpfen könnte. Deshalb sollte man stets ein Leckerli in der Tasche haben.

Nichts ist umsonst

Zurück zu unserem Sitzkommando. Um einem Hund ein „Sitz" beizubringen, muss man sich im Vorfeld einmal ein Wort (Hörzeichen, in diesem Fall das „Sitz") und ein Handzeichen überlegen. Der erhobene Zeigefinger hat sich dabei sehr gut bewährt, aber man kann natürlich auch ein anderes Handzeichen anwenden. Wichtig ist nur, dass es immer dasselbe Zeichen ist und Sie nicht in Ihrem Leben oft mit dem Zeigefinger die Kinder ermahnen. Denn dann würde dieses Sichtzeichen schnell wieder an Bedeutung für den Hund verlieren. Nicht einmal der erhobene Zeigefinger und einmal die flache Hand. So wird sich der Hund nicht auskennen und das vom ihm geforderte Verhalten nicht zeigen.

Wenn wir unserem Hund nun das Kommando „Sitz" geben und er es sofort ausführt, sollte die Belohnung innerhalb einer Sekunde erfolgen.

Jede Übung sollte anfangs immer belohnt werden (etwa 50 Mal), sodass beim Tier eine positive Verknüpfung mit dem jeweiligen Hör- oder Sichtzeichen erfolgt. Danach werden die Belohnungen langsam reduziert, bis schließlich zu selteneren Futtergaben übergegangen wird. In einem fortgeschrittenen Übungsstadium sollte der Hund vorher nicht wissen, ob er die Belohnung bekommt oder nicht. Durch die positiv erzeugte Erwartungshaltung bei Ihrem Hund wird er alleine dadurch das Verhalten auf Kommando ausführen.

Positive Bestärkung erfordert konsequentes und genau gezieltes Belohnen durch den Hundeführer. Hochwertige Belohnungen sollten nicht gratis sein!

Ist man im Training nicht konsequent und gibt seinem Hund auch dann ein Leckerli, wenn er sich auf das Hörzeichen nicht hinsetzt oder aufspringt, ruiniert man sich schnell die bereits erlangten Erfolge. Denn dann lernt der Hund: „Ich muss keine genaue und korrekte Leistung erbringen, um an mein Ziel (Leckerli) zu kommen." Der Hund wird folgerichtig das von ihm verlangte Kommando „Sitz" nur hin und wieder ausführen, wenn es ihm danach ist. Natürlich kann der Hund auch mal ohne ein Kommando ein Leckerchen bekommen. Entscheidend ist hier aber, dass auch kein Kommando gegeben wurde.

Trainings-Tipp:

Bevor Sie eine Trainingseinheit beginnen, überlegen Sie genau, was Sie mit ihrem Hund alles üben möchten. Danach bedenken Sie, wie Sie Ihren Hund belohnen können. Immer nur ein Leckerli wird auf Dauer langweilig, es sollte zwischendurch auch einmal ein Spiel sein, eine Streicheleinheit oder ein besonders gutes Leckerchen. Am besten Sie machen sich eine Liste mit: „10 Dinge, die meinen Hund belohnen!" auf die Sie immer zurückgreifen können. Erst wenn Sie alles bereit haben und genau wissen, welche Übungen Sie mit Ihrem Hund machen möchten (genaue und klare Bilder im Kopf), starten Sie!

Nichts als Ausreden

Viele Hundebesitzer geben als Antwort, wenn sie auf das Können ihrer Hunde angesprochen werden: „Mein Hund hat Charakter oder ist eigensinnig, der folgt nur, wenn er will!“ Natürlich haben Hunde Charakter – aber der ist nicht verantwortlich dafür, ob ein Training erfolgreich ist oder nicht. Das ist der Hundebesitzer schon selber. Je konsequenter und zielgerichteter sein Training mit dem Hund ist, desto größer wird der Erfolg sein. Auch Hunde, die die Grundkommandos schon beherrschen, müssen diese hin und wieder einmal üben. Und je regelmäßiger diese Wiederholungen sind, desto fehlerfreier werden Sie die Kommandos auch in verschiedensten Situationen abrufen können.

Die Tricks der Hunde & der „innere Schweinehund“

Jeder hat schon einmal die Situation erlebt, dass der eigene Hund kommt und sich vor einen hinsetzt, ohne dass man das

Kommando dafür gegeben hat. Hunde lernen sehr schnell, dass es gewisse immer wiederkehrende Handlungsabläufe gibt. So zum Beispiel nehmen wir ein paar Leckerli zur Hand, um mit unserem Hund zu trainieren, der Hund sieht oder riecht die Leckerli, erinnert sich an die vergangenen Trainingseinheiten und spult bereits alle Verhaltensweisen, die ihm das letzte Mal Erfolg gebracht haben, automatisch ab.

Hat der Hundebesitzer nicht ganz klar eine Trainingsaufgabe oder ein Ziel vor Augen, kann es ihm sehr schnell passieren, dass er nicht mehr aktiv das Training gestaltet, sondern nur mehr passiv reagiert.

Grundsätzlich gilt: Je öfter man sich bewusst und überlegt von den eigenen und nicht mehr sinnvollen Gewohnheiten („dem inneren Schweinehund“) trennt und sein Trainingsziel in Angriff nimmt, umso leichter wird das Gehen des Weges fallen. Und je länger Sie den Weg gehen, umso mehr werden Sie an Selbstbewusstsein gewinnen und umso leichter wird Ihnen das Training mit Ihrem Hund von der Hand gehen. Hunde folgen ihren Besitzern um vieles besser, wenn diese in ihren Anweisungen klar und selbstbewusst sind, wenn sie wissen, was sie wollen und was sie tun müssen. Je klarer ein Kommando abgerufen wird, desto besser versteht es der Hund und kann schneller und genauer darauf reagieren. Sind sie unsicher oder unentschlossen, dann weiß auch der Hund nicht, was sie von ihm wollen.

So „tickt" der Hund

Hunde lernen anders als wir Menschen. Hunde verknüpfen stark die mit der jeweiligen Situation verbundenen Umweltfaktoren. So lernt der Welpe das „Sitz" in der Hundeschule. Auf diesem Platz (ortsbezogen) in dieser Situation mit den anderen Hunden und Menschen herum funktioniert das Kommando auch schon perfekt. Leider heißt das nicht, dass der Welpe z.B. vor dem Kindergarten oder vor der Schule auch weiß, was von ihm verlangt wird. Denn in der Umgebung „Kindergarten" riecht es anders, es fehlen die anderen Hunde usw.

Für den Hundebesitzer bedeutet das, dass er alle Kommandos, die er seinem Hund beibringt, auch an anderen Orten und Situationen üben muss, um ganzheitlichen Erfolg zu haben. Versäumt man dieses Training im Aufbau des Kommandos, wird der Hund sehr oft nicht wissen, was von ihm verlangt wird – und das von uns erwünschte Verhalten nicht zeigen.

Durch den gemeinsamen Erfolg im Training wachsen Hund und Hundebesitzer immer mehr zusammen. Gemeinsam ein Ziel in Angriff zu nehmen fördert bei beiden Seiten die Persönlichkeit und das Selbstbewusstsein. Aber erst durch den gemeinsamen Weg, die Überwindung von Fehl- und Rückschlägen während des Trainings, Optimierung des gemeinsamen Weges und schließlich das gemeinsame Erreichen eines Trainingsziels wird aus „Herr und Hund" ein erfolgreiches und zufriedenes „Team".

Kapitel 5

Jede Beziehung braucht Vertrauen

Muss man in der Hundeerziehung immer zuverlässig und konsequent sein? Diese Frage geistert wie ein leibhaftiger Vorwurf durch die Hunderatgeberliteratur. Doch worum geht es, wenn Zuverlässigkeit und Konsequenz gefordert werden? Es geht um Vertrauen. Wer kein Urvertrauen hat, kann kein Selbstvertrauen entwickeln. Wenn Hunde ihren Menschen nicht vertrauen können, wird damit der Grundstein für eine problematische Beziehung gelegt. Denn: Vertrauen ist die Basis für ein gutes Team.

Vertrauen ist ein hohes Gut und leichtfertig damit umzugehen fast schon eine Sünde. Manch einem scheint vielleicht diese Aussage zu deftig, aber Vertrauen – in jeder Konsequenz – ist nun mal die Basis eines friedlichen und harmonischen Miteinanders. Vertrauen ist unerlässlich, wenn Mensch & Hund ein starkes Team werden sollen.

Menschenkinder wie Hundewelpen?

In der Kindheit und der Jugend erfahren wir Menschen ca. 150.000 Geringschätzungen und Verneinungen. Das soziale Umfeld gibt uns mal mehr oder weniger Anerkennung, traut uns etwas zu oder eben auch nicht. Gerade für sozial lebende Lebewesen, wie Mensch und Hund es sind, ist sozialer Stress einer der stärksten Stressoren. Zusätzlich bildet sich schon im Mutterleib (in der pränatalen Phase) unter anderem das Stressgedächtnis aus – die Keimzelle des Urvertrauens wird durch Misstrauen infiltriert. Sie fragen sich vielleicht, was hat nun Stress mit Vertrauen zu tun. Nun, um Vertrauen in mein Umfeld entwickeln zu können, ist es unerlässlich, dass ich mir selbst vertrauen kann. Wenn ich aber in meinem Leben viel Geringschätzung erfahren und den damit verbundenen Stress erlebt habe, dann ist es schwieriger, Selbstvertrauen aufzubauen. Was fehlt, ist der Glaube an sich selbst.

In dieser Hinsicht sind Menschenkinder und Hundewelpen gleich: Es ist daher essentiell wichtig, dass Kinder wie auch Welpen gezielt an Situationen herangeführt werden, die sie auch selbst schaffen und bewältigen können. Ohne Druck und starken Zwang! So lernen die Kleinen von Beginn an, dass sie sich selbst vertrauen können. Und durch echtes Lob und Anerkennung für Leistung vermehrt sich das Selbstbewusstsein. Weg von dem vermehrten „Das kannst Du nicht!" oder „Das darfst Du nicht!" hin zu vermehrter Bestätigung für positives Verhalten und gute Leistungen. Mit geringem Selbstbewusstsein

vertraue ich auch meinem Umfeld weniger, was logisch ist, denn wenn ich nicht einmal mir vertrauen kann, warum sollte ich dann meinem Umfeld Vertrauen schenken können? Daher ist es essentiell wichtig, das Selbstvertrauen von Mensch und Hund zu stärken, damit daraus eine vertrauensvolle Mensch-Hund-Beziehung werden kann.

Wie kann man nun Selbstvertrauen aufbauen?

Es ist natürlich auch möglich im höheren Alter noch das Selbstvertrauen zu stärken. Eine gute Möglichkeit ist, dass man 100-prozentige Zuverlässigkeit, Anerkennung und Wertschätzung vom Umfeld erhält – was wiederum das eigene Selbstbewusstsein nährt. Doch wann ist man 100 Prozent zuverlässig? Zuverlässigkeit ist ein wichtiger Wettbewerbsvorteil und beginnt bei der Zusage!

Man sollte sich selbst bewusst machen, was eine Zusage bedeutet, welche hohe Wertigkeit dahinter steht, und sollte sich daher immer bewusst entscheiden, ob man eine Zusage trifft oder nicht!

Wenn Zuverlässigkeit mit der Zusage beginnt, sollten Sie sich bei jeder Zusage fragen: „Kann ich das?“ und „Will ich das?“. Nur, wenn Sie auf beide Fragen mit „Ja“ antworten können, dann sollten Sie Ihre Zusage zu etwas geben und sie dann natürlich auch wirklich verlässlich einhalten. Dann können Sie ihrem Umfeld auch vermitteln, dass Ihre Zusage eine hohe Wertigkeit hat. Sie sind nämlich zuverlässig und vertrauensvoll, weil Sie keine leichtfertigen Versprechungen machen, sondern wohlüberlegte Zusagen geben.

Überlegen Sie sich nun einmal, wie oft Sie eine Zusage in Bezug auf Ihren Hund machen oder gemacht haben, ohne diese dann auch wirklich eingehalten zu haben. Egal, ob dies nun in Ihrem Umfeld war oder direkt zu Ihrem Hund. Meistens ist es so, dass wir uns bei einer Zusage wenig Gedanken machen, da wir schnell eine Ausrede finden, warum wir die einmal gemachte Zusage nun doch nicht einhalten können. Nun holen wir uns von unserem Umfeld doppelt Anerkennung: zuerst für die Zusage und dann für die gelungene Ausrede.

Natürlich merken wir selbst, dass es keine echte Anerkennung ist, und daher nährt diese auch nicht unser Selbstbewusstsein.

Überlegen Sie sich in Zukunft, bevor Sie eine Zusage geben, ob Sie auch gewillt und in der Lage sind, diese einzuhalten. In Bezug auf Ihren Hund könnten die Fragen beispielsweise so lauten: Kann ich mit meinem Hund ein Training machen? Will ich mit meinem Hund ein Training machen? Beantworten Sie beide Fragen mit einem bewussten „Ja", dann sollte Ihr Wort auch Bestand haben. Eine bewusst getroffene Zusage hat Wertigkeit und der gemeinsamen Freude steht nichts im Weg. Daher sollte man immer zuverlässig und konsequent sein, sofern man die Zusage und die bewusste Entscheidung getroffen hat.

Das Gesetz des Vertrauens

Vertrauen ist der Anfang von Allem. Viele Menschen scheitern genau daran – an mangelndem Vertrauen. Sie haben kein Vertrauen in die Mitmenschen, kein Vertrauen in die Umwelt, kein Vertrauen in die Gesellschaft und – was am schlimmsten ist – kein Vertrauen zu sich selbst. Vertrauen ist die Grundlage für jedes erfolgreiche Handeln. Vertrauen ist die Basis für Zufriedenheit. Viele Menschen jedoch wählen einen anderen Weg, sie gehen Problemen aus dem Weg und versuchen so ihr Ziel zu erreichen. Doch jedes Ausweichen bedeutet in eine falsche Richtung zu agieren. Stellen Sie sich also lieber vor: Es ist möglich! Sie werden sehen, wenn Sie sich etwas vorstellen können, ist es viel leichter zu realisieren. Genauso ist es mit dem Vertrauen. Ohne Vertrauen werden Sie sich immer wieder nur Bestätigungen für Ihre Zweifel holen. Und: Vertraut man Ihnen? Ein Gradmesser für Vertrauen ist die Verlässlichkeit. Ein Mensch, auf den man sich verlassen kann, ein Mensch, dem man vertrauen kann. Wer sich selbst vertraut und für andere verlässlich ist, hat den Schlüssel in der Hand, alles zu erreichen, was er sich vornimmt.

Vertrauen muss man aufbauen

Um gemeinsam mit unseren vierbeinigen Freunden bestmöglich durchs Leben zu gehen, ist es extrem wichtig, dass wir einander Vertrauen können. Nichts ist schlimmer als Erwartungsunsicherheit und der damit verbundene Druck. Damit Sie mit Ihrem Hund ein vertrauensvolles Team werden können, muss Ihr Hund zuerst lernen, dass er Ihnen vertrauen kann. Beginnen Sie hier mit einfachen Übungen, die sich für Ihren Hund lohnen, wenn er mitmacht. Und das ist extrem wichtig: Hier sollte ausschließlich mit positiver Verstärkung/Bestärkung gearbeitet werden. Denn nur so kann Ihr Hund Selbstbewusstsein mitentwickeln. Hat Ihr Hund Angst, dass, wenn er etwas falsch macht, eine Strafe folgt, dann ist dies mit Unsicherheit verbunden, was wiederum Selbstbewusstsein und Vertrauen schmälert. Dann würden wir hier nicht mehr von einem respekt- und verständnisvollen Miteinander sprechen, das doch ein Grundstein für Vertrauen ist.

So „tickt" der Hund

Kommt ihr Hund als Welpe ins Haus, dann haben Sie die einzigartige Chance, dieses Hunde-Kind mit Selbstvertrauen auszustatten und ein vertrauensvolles Verhältnis aufzubauen.

Vertrauensaufbau ist ein etwas schwierigeres Thema, wenn Ihr Vierbeiner bereits eine „Vorgeschichte" hat – also beispielsweise aus schlechter Haltung kommt. Hier ging – aus welchen Umständen auch immer – Vertrauen verloren und Ängste treten oft aus (für Sie) unerklärbaren Umständen auf. Hier gilt es sich in den Hund hinein zu versetzen und bei der Arbeit zum Vertrauensaufbau eine Menge Geduld mitzubringen. Jeder Hund, wie auch wir Menschen, verarbeitet Ängste anders und braucht mehr oder weniger Zeit. Es ist immer leichter, ein unbeschriebenes Blatt neu zu beschreiben – hingegen ein Blatt mit vielen „Fehlern" zu verbessern ist schwieriger und aufwändiger. Durch Traumata entstandene Verhaltensweisen können selbst, wenn sie erfolgreich bearbeitet und therapiert wurden, beispielsweise bei starkem Stress oder Reizüberflutung, wieder auftreten. Meist in einer anders ausgeprägten Form, trotzdem muss uns bewusst sein, dass man Verhalten und Lernerfahrung nicht „löschen" kann.

Es lohnt sich immer, einen Blick in ein Tierheim zu werfen und einem Hund ein Zuhause zu geben. Viel zu leicht geben Menschen ihren Hund ab, nur weil dieser „nicht funktionierte". Es machen doch die „Ecken und Kanten" eines Hundes seine Persönlichkeit aus und machen ihn zu unserem einzigartigen tollen Herzenshund.

Hier sei eine kurze Geschichte erwähnt von Waldo, dem ehemaligen Drogenspürhund: Er wurde mit neun Jahren von der Dienststelle abgegeben und landete auf Umwegen im Tierheim. Seine neue Familie war von dem gut ausgebildeten Vierbeiner ganz begeistert, doch im Laufe weniger Wochen wurden auch seine „Macken" offensichtlich. So hatte man ihn wohl zwischenzeitlich in einem dunklen Keller eingesperrt und deshalb mied er dunkle Räume. Das wurde zum Problem, weil Waldo, der leidenschaftlich gern Auto fährt, sobald das Fahrzeug in der Tiefgarage geparkt wurde, nicht aussteigen wollte.

Beim ersten Mal fuhren seine Besitzer wieder aus der Garage und ließen den Hund aussteigen, bevor sie wieder in die Garage fuhren. Das war aber keine dauerhafte Lösung – zumal, wenn man allein mit dem Hund unterwegs war. Die Halter übten dann das Aussteigen in der Garage, indem sie seine Hundedecke mitnahmen und vor dem Fahrzeug auslegten. Auch sorgten sie dafür, dass die Garage hell erleuchtet war und der „Fluchtweg" ins Treppenhaus offen.

Schrittweise und mit Unterstützung durch Leckerli lernte der Hund seiner neuen Familie zu vertrauen. Schon nach wenigen Wochen brauchte es weder Hundedecke noch Leckerli – allerdings ist Waldo heute noch sichtlich erleichtert, wenn er die Tiefgarage verlassen hat.

Um das Selbstbewusstsein Ihres Hundes aufzubauen, können Sie zusätzlich einige Übungen auf ungefährlichen „Geräten" wie einem Baumstamm machen. Traut sich beispielsweise Ihr Hund, den Baumstamm zu berühren, und Sie merken, wie er sich dazu für Sie überwindet, dann erhält er dafür sein Leckerli. Zeigen Sie ihm ruhig die Bestätigung, aber bitte geben Sie Ihrem Hund auch direkt das Leckerli, wenn er sich dorthin getraut hat. Ziehen Sie nämlich das Leckerli immer weiter, frei nach dem Motto: „Noch ein Stück, komm noch ein Stück", dann schmälert das das Vertrauen. Sie würden von einem guten Freund auch nicht so „gehänselt" werden

wollen. Das Training an den Geräten eignet sich deshalb toll für den Aufbau des Selbstbewusstseins, weil hier der Hund auch lernt, seinen ganzen Körper zu spüren und sich seiner selbst bewusst zu werden. Ganz nebenbei macht Gerätetraining, das mit Belohnung verstärkt wird, mehr Freude und einfach Spaß.

Natürlich müssen Sie Step by Step auch den Schwierigkeitsgrad erhöhen, da nur so eine Weiterentwicklung möglich wird.

Bleiben Sie berechenbar!

Ein weiterer wichtiger Baustein für Vertrauen ist auch, dass Sie für Ihren Hund „berechenbar" sind. Also immer mit gleicher Konsequenz etwas erlauben oder verbieten. Sie tolerieren etwas nicht? Dann sollte das auch immer so sein und vor allem ist es wichtig, dass Sie immer gleich auf diese Situation reagieren. Verbote sind nicht dazu da, immer mehr aufgeweicht zu werden, nur weil der Mensch nicht ausreichend konsequent ist. Es gibt Ihrem Hund Sicherheit, einen klaren Weg vor sich zu haben, immer die gleichen Rituale und einen einschätzbaren Besitzer.

Wutausbrüche, plötzliche Stimmungsschwankungen sind für einen Hund nicht nachvollziehbar und diese schmälern das Vertrauen in die gemeinsame Beziehung. Denn dadurch sind Sie für Ihren Hund nicht mehr einschätzbar. Bleiben Sie also berechenbar!

Trainings-Tipp

Üben Sie sich in bewussten Zusagen und seien Sie konsequent!

Ihr Hund hat beispielsweise einen Lieblings-Hundefreund! Überlegen Sie sich gemeinsam mit dem anderen Halter, wann sich die Freunde sehen können. Wenn Sie nun einen Fixtermin, beispielsweise immer samstag vormittags ausmachen, dann sollte dieser auch eine fixe Zusage sein, also nicht für Einkäufe oder Alltägliches schnell wieder abgesagt werden.

Dadurch, dass Sie bewusste Zeit mit Ihrem Hund verbringen und bewusste Zusagen treffen, wird das gemeinsame Leben viel wertvoller! Man genießt die gemeinsame Zeit viel mehr und der Alltagsstress wird dadurch auf Distanz gehalten.

Kapitel 6

Menschen denken – Hunde denken anders

Hunde verfügen über ein großes Repertoire unterschiedlicher Signale, unter anderem im Ausdrucksverhalten, mit denen sie versuchen, ihr Befinden auszudrücken und Konflikte zu vermeiden. Für Menschen sind diese feinsinnigen Botschaften oft nicht ad hoc zu erkennen – und was noch schlimmer ist, sie interpretieren sie dementsprechend oft falsch. Viele dieser Missverständnisse basieren auf einer unterschiedlichen Sichtweise auf diese Welt. Lernen Sie also die Wirklichkeit Ihres Hundes besser kennen!

Hunde haben – als soziale Rudeltiere – verschiedene Signale, um beispielsweise Konflikte unblutig zu beenden und damit lebensbedrohliche Verletzungen zu vermeiden oder einfach nur ihr Befinden auszudrücken. Viele Menschen erkennen diese Signale jedoch meist nicht oder achten erst viel zu spät darauf. Es gibt aber Möglichkeiten, die Körpersprache, das Ausdrucksverhalten der Hunde, zu lernen und dann mit den Hunden auf ihre Weise zu kommunizieren.

Was Hund will – Konflikte vermeiden!

Hunde versuchen schon aus Selbstschutz, tunlichst Konflikten aus dem Weg zu gehen. Dazu geben sie kleinste, aber trotzdem deutliche Signale, die wir für einen respektvollen und sicheren Umgang mit ihnen unbedingt kennen und berücksichtigen sollten.

Jeder Hundebesitzer kennt folgende Situation: Ich habe es eilig und laufe noch schnell eine Runde mit meinem Liebling um den Block. Endlich ist alles erledigt und ich rufe ungeduldig nach meinem Vierbeiner – was aber macht der? Er schaut zwar kurz zu mir, aber anstatt gleich herzulaufen dreht er den Kopf weg und fängt an den Boden hingebungsvoll zu beschnüffeln. Er bewegt sich zwar in meine Richtung, aber nicht auf direktem Weg, sondern in Schlangenlinien. Daraufhin werde ich als Hundebesitzer natürlich noch ungeduldiger – angesichts dieses fehlenden Gehorsams meines Vierbeiners. Ich wiederhole also mein Kommando „Komm“ oder „Hier“ etwas schärfer und mit gewissem Nachdruck. Was macht daraufhin der vierbeinige Liebling? Er setzt sich hin und wendet demonstrativ den Kopf von mir weg. Dann sieht er mich herausfordernd an und gähnt auch noch lässig dabei! Was für eine Frechheit!

Früher war man in einer solchen Situation versucht, dem Hund, wenn er dann endlich doch hergekommen ist, zu zeigen, wer jetzt „der Herr“ ist.

Doch: Was passiert in dieser Situation wirklich?

Als gestresster Hundebesitzer überträgt man seine Gereiztheit, seinen Stress und seine Unruhe unbewusst auf seinen Hund – die Tiere fühlen viel mehr unsere Emotionen, als wir glauben. Wenn man dann in so einer Situation seinen Hund etwas genervter oder schärfer ruft, versucht dieser zuerst einmal zu beschwichtigen. Das oberste Ziel eines Hundes ist, zuerst einmal zu beruhigen. Der Hund spürt den offensichtlichen Konflikt und versucht, ihm aus dem Weg zu gehen – und dann erst zu gehorchen.

Wenn ein Wolf sich einem gereizten Rudelmitglied nähert, beschwichtigt er es vorher, um einen etwaigen Konflikt – der möglicherweise blutig und damit in freier Wildbahn durchaus tödlich sein kann – zu vermeiden. Der Hund hört aus unserem Tonfall und der Lautstärke, dass wir im Moment „gereizt sind" und für ihn damit unberechenbar. Deshalb beschwichtigt er uns... Und wir verstehen es als Provokation.

Dinge wie „Bewegungen einfrieren", ganz langsam werden oder in Schlangenlinien gehen gehören zu den Beschwichtigungs- oder Beruhigungssignalen, auch das verstärkte Schnüffeln am Boden dient zur Beruhigung und Deeskalation.

Die unterschiedlichen „Wirklichkeiten"

Es besteht in dieser Situation eine große Diskrepanz, wie der Hundebesitzer und wie der Hund eine Situation wahrnehmen: Beide erleben eine unterschiedliche Wirklichkeit. Und diese unterschiedliche Wahrnehmung der Wirklichkeit spielt sich in sehr feinen Nuancen ab, ist deshalb aber nicht weniger bedeutungsvoll.

Das Gesetz der Wirklichkeit

Es gibt nicht nur eine Wirklichkeit – jeder Mensch hat seine eigene und weil jeder an seiner Wahrnehmung festhält, kommt es zu so vielen Missverständnissen. Die Wirklichkeit eines Menschen ist eine Mischung aus Erfahrung, Wissen und Prägung, verfeinert durch Launen, Befindlichkeiten und optische Eindrücke. Die Wahrnehmung der Wirklichkeit ist nie objektiv, sondern stets individuell. Verstehen und Erkennen ist der Schlüssel zur Akzeptanz anderer Wirklichkeiten. Dadurch bereichert sich das eigene Leben und die eigene Wirklichkeit. Denn jeder Mensch hat aus seiner Wirklichkeit heraus Recht!

Wir leben in einer hoch technisierten Welt und unser Lebensrhythmus hat sich dementsprechend beschleunigt. Wir sehnen uns nach Ruhe und „Entschleunigung", wir leiden unter dem Stress. Dieses Leben mit seinen Bedingungen stresst auch den Hund: Die Tiere „leiden" unter ständiger Reizüberflutung der Sinne, der immense Lärmpegel unserer Umwelt (Straßenverkehr), der Geruch einer Großstadt mit vielen Abgasen und nicht zuletzt die optische Überreizung unserer schnelllebigen Zeit belastet Hunde. Dann verlangen wir einerseits von dem sozialen Rudeltier Hund stundenlanges Alleinsein, dann wieder soll er uns überall hin begleiten – und womöglich Rolltreppen fahren, in Kaufhäusern und U-Bahnen mit ihren Menschenmassen an unserer Seite sein. Und in unserer Freizeit soll er uns bei Spaziergängen in die Natur begleiten, aber „den Rasen nicht betreten" und natürlich keinesfalls jagen. Haben Sie diese hündische Weltsicht einmal bedacht?

Was der Hund nicht kennt, kann ihn verunsichern!

Unsere Haushunde lernen als Welpen, Menschen und ihre Verhaltensweisen einzuschätzen. Lernt ein Welpe nicht, wie sich ein Betrunkener bewegt, die veränderten Bewegungsabläufe von behinderten Menschen oder auch die unberechenbaren Aktionen von Kindern, können diese Verhaltensweisen den erwachsenen Hund verunsichern, ihm Angst machen oder Probleme bereiten. Manche Hunde sind ängstlicher/nervöser und achten schon im Voraus mehr auf auffällige Muster, wie zum Beispiel Körperspannung oder auch schon angehaltenen Atem.

Diese Schwierigkeit in der gegenseitigen Verständigung ist schlicht und einfach das Ergebnis von verschiedenen Wirklichkeiten. Was sind nun die Unterschiede in den wahrgenommenen Wirklichkeiten und wie kann man darauf eingehen, um die Probleme miteinander in Zukunft zu vermeiden?

Der ängstliche Hund will nur erreichen, dass der Reiz (potentielle Gefahrenquelle) verschwindet. Jeder Hund hat zudem verschiedene Reizschwellen. Oft werden diese Reizschwellen oder auch Auslöser bei Hunden gar nicht wahrgenommen.

Ein einfaches Beispiel: Hunde & Kinder. Ein Hund, der das Zimmer verlässt, weil die Kinder zu laut und wild sind, vermeidet eine Konfrontation und will Deeskalieren. Er geht. Wenn das nichts bringt, da die Kinder nicht nur in einem Zimmer laut und wild sind, sondern durch die ganze Wohnung oder das ganze Haus toben, kann ein Hund als nächstes in ein Verteidigungsverhalten übergehen – er knurrt beispielsweise, wenn ein Kind an ihm vorbeiläuft.

So „tickt" der Hund:

Hunde gehören zu den Raubtieren, ja auch in unserem Haushund schlummert immer noch ein Raubtier, und deren Strategie ist oftmals „Angriff ist die beste Verteidigung". Trifft nun ein ängstlicher Hund auf einen Menschen, dessen Verhaltensmuster er nicht einordnen kann, nimmt er eine (unterschiedlich ausgeprägte) Verteidigungshaltung ein. Angreifen allerdings muss nicht die erste Alternative sein. Der Hund wird zunächst versuchen, auszuweichen.

Der Mensch sollte dem Hund den notwendigen Spielraum zum Ausweichen geben, dann lassen sich viele brenzlige Situationen besser entschärfen. Für den Hund ist es wichtig, sich verstanden zu fühlen anstatt in eine Situation gepresst zu werden, frei nach dem Motto: Da muss er jetzt durch!

Knurren wird jedoch von Menschen bereits als höchst bedrohlich wahrgenommen. Für die Eltern der Kinder ist die wahrgenommene Wirklichkeit eine völlig andere, die von ihnen geliebten Kinder haben dem Hund ja nichts getan. Also: Warum reagiert er so böse? Für sie ist diese Reaktion des Hundes nicht nachvollziehbar. Meistens folgt eine Tadelung des Hundes, da sein Verhalten von den Eltern nicht toleriert werden kann. Eltern bringen das Kind daraufhin aber weg, um kein Risiko einzugehen. Der Hund lernt, dass dieses Verhalten (knurren) erfolgreich war, das Kind wurde entfernt.

Jedes Mal wenn der Hund eine Erfahrung macht, die für ihn relevant ist (also dazu da ist, seinen momentanen Zustand zu verbessern), wird diese abgespeichert. Kommt es wieder zu einer solchen oder ähnlichen Situation mit einem Kind, wird der Hund zunächst sein erlerntes Mittel „Knurren" ausprobieren. Es hat ja schon einmal geklappt, warum also nicht auch dieses Mal? Aber es kann ja sein, dass diesmal sein Knurren nicht bemerkt wird – dann muss sich der Hund etwas anderes ausdenken. Er geht zur nächsten „Verteidigungsstufe" über: Er zwickt.

Nun versucht er der Situation auch nicht mehr auszuweichen, er geht ins Handeln

über. Als nächstes wird er häufiger zwicken – weil es funktioniert hat. Er lernt jetzt auch schwierige Situationen schon vorher zu erkennen – Kinder betreten nur den Raum, sind ruhig, lösen aber trotzdem sein aktives Verteidigungsverhalten aus –, der Hund will den Konflikt schnell beenden, zwickt und hat wieder Erfolg – die Kinder gehen weg.

Sobald der Auslösereiz auftritt, werden beim Hund die gleichen Gefühle, Gedanken und körperlichen Reaktionen wie beim erstmaligen Aufzeichnen dieser Erfahrung präsent. Wir erinnern uns kurz zurück: Für den Hund bedeuteten Kinder Unruhe, Lärm, Belästigung, welcher er nicht ausweichen konnte und zudem noch Tadel vom Hundehalter erhielt! Daher nicht verwunderlich: je öfter der gleiche Auslösereiz abgerufen wird, desto tiefer werden die Gefühle, umso intensiver die körperlichen Reaktionen.

Am Ende steht: Dem Hund reicht, dass ein bestimmter Reiz (Kind) auftritt, damit er mit aggressiven Verhaltensweisen wie Drohfixieren oder Angriff reagiert. Die wahrgenommene Wirklichkeit des Hundes ist die Bedrohung durch das Kind. Denn das Kind alleine löst schon Stress aus, doch der soziale Stress, verursacht durch den Besitzer, verschärft die Lage noch zusätzlich.

Die Wirklichkeit des Menschen ist eine andere, im Fall der Kinder sind für die Menschen die Kinder keine Bedrohung für den Hund. Situationen, in denen verschiedene Erfahrungen ganz unterschiedlich erlebt und abgespeichert werden, kommen häufiger vor, als man glaubt.

Grundlegende Bedürfnisse beachten

Es ist jedoch unmöglich immer zu wissen, was für Reize welche Handlungen bei unseren Mitmenschen oder Hunden auslösen. Die Reize sind so vielfältig, dass man sie niemals alle beachten kann. Man sollte sich jedoch darin schulen zu verstehen, dass es unterschiedliche Wirklichkeiten gibt, und versuchen sie zu erkennen. Tiere und Menschen zeigen uns so viel, wir müssen nur darauf eingehen und es auch sehen oder hören wollen.

Ist es die Schuld des Hundes, dass er die Kinder als Bedrohung empfindet – nein!

Seine grundlegenden Bedürfnisse nach Sicherheit mit einer Rückzugsmöglichkeit wurden ihm nicht ermöglicht. Das geschieht nicht aus Bosheit oder böser Absicht, sondern weil man sein Bedürfnis gar nicht wahrnimmt. Vor allem dann nicht, wenn dieses Bedürfnis von dem eigenen so grundverschieden ist.

Es ist sehr wichtig, sich immer vor Augen zu führen, dass wenn ein Hund ein Verhalten zeigt, das so völlig überraschend kommt und nicht zu dem eigenen Erleben passt, es sich in diesem Augenblick eventuell wieder um eine unterschiedliche Wirklichkeit handeln könnte.

So sind auch Aussagen zu erklären wie: „Mein Hund hat ganz plötzlich ohne Vorwarnung dies oder das getan!“ Wenn man versucht zu verstehen und akzeptieren kann, dass es bei seinem Hund gewisse Auslöser gibt, die man selber vielleicht nicht nachvollziehen kann, hat man schon einen großen Schritt in Richtung harmonisches Zusammenleben gemacht.

Versuchen Sie, die Wirklichkeit Ihres Hundes zu sehen. Versuchen Sie nachzuvollziehen, was für ein Auslösereiz bei Ihrem Hund abläuft und richten Sie sich bei Komplikationen niemals nach Ihrer Wirklichkeit, sondern immer nur nach dem, was Ihr Hund versteht - nach seiner Wirklichkeit. Sie müssen zuerst erkennen was bei Ihrem Hund für ein „Film" abläuft, erst dann kann man daran arbeiten und trainieren, den Film zu verändern.

Trainings-Tipp

Es ist wichtig, die Signale, die ein Hund zeigt, von Anfang an richtig kontextbezogen zu interpretieren, damit es gar nicht erst soweit kommt, dass der Hund ein starkes Verteidigungsverhalten zeigen muss. Vieles lässt sich über die Individualdistanz des Hundes regeln. Jedes Individuum hat eine eigene Individualdistanz. Ähnlich wie beim Menschen mögen manche Individuen den direkten Kontakt mit anderen Lebewesen gerne, andere wiederum lieben es gar nicht, „bekuschelt" und „beschmust" zu werden!

Menschen erwarten aber von ihren Hunden, sich aus reiner Gutmütigkeit alles gefallen zu lassen. Wenn ein Hund aber klar zeigt „bis hierher und nicht weiter", fühlen sich Menschen hintergangen. Da wird ein Knurren gerade noch toleriert; man ist geschockt, aber man kann dieses einmalige Vergehen seinem Hund noch verzeihen.

In unserem Beispiel mit den herumlaufenden Kindern reicht es, dem Hund eine Rückzugsmöglichkeit zu geben. Ihm ein Zimmer oder einen geschützten Platz zur Verfügung zu stellen, zu dem die Kinder nicht kommen dürfen, wo er seine Ruhe hat. Je öfter der Hund erlebt, dass Kinder nicht bedrohlich sind, desto schneller wird die Reaktionsbereitschaft und die negativen Gefühle die damit abgespeichert sind, in die Vergangenheit gedrängt und durch positive Gefühle ersetzt werden.

Damit wäre der Mensch in der Lage, die verschiedenen Wirklichkeiten zu verstehen und zu akzeptieren, sie mit Abstand zu betrachten und die Reaktionen positiv zu beeinflussen.

Aggression ist ein artspezifisches Droh- und Angriffsverhalten, mit dem das Tier auf einen Reiz reagiert. Aggressionsverhalten gehört zu dem natürlichen hündischen Verhaltensrepertoire.

Halten Sie sich immer vor Augen, dass die Wirklichkeiten verschieden sind. Lernen Sie die Wirklichkeit Ihres Hundes zu verstehen, zu akzeptieren und positiv damit umzugehen.

Niemand wird gezwungen, die Wirklichkeit Anderer anzunehmen, auch nicht die Ihres Hundes, oder danach zu leben. Hier geht es nicht darum „Recht zu haben".

Halten wir uns vor Augen, dass in unangenehmen Situationen ein negatives Gefühl ausgelöst wird, das wiederum zur Folge hat, dass man in eine negative Denkweise verfällt. Man erlebt die Situation nicht nur negativ, sondern alle Gedanken und Handlungen werden dadurch negativ beeinflusst. Nehmen wir das Beispiel des knurrenden Hundes. Bis zu dem Vorfall war das Verhältnis zu dem eigenen Hund ungetrübt und herzlich. Danach werden alltägliche Situationen, die noch nie irgendein Problem ausgelöst haben, plötzlich anders wahrgenommen. Man beginnt sich anders zu verhalten, was wiederum eine gesteigerte Alarmbereitschaft beim Hund auslöst, und die Negativspirale ist voll im Gang.

Tritt man jedoch einen Schritt zurück und kann man die Wirklichkeit seines Hundes annehmen, als das, was es ist: dass der Hund ein Problem hat, das der Mensch keinesfalls persönlich nehmen sollte. Dann kann dieser Abstand bereits helfen, überlegter und bewusster zu handeln. Somit ist man in der Lage, dementsprechend positiv seinen Weg zu gestalten oder sich zu überlegen, wie das von uns gewünschte Verhalten des Hundes wäre und durch Training zu erreichen ist. Aber auch hier ist wichtig, nicht jedes Alternativverhalten ist für den Hund aus seiner Wirklichkeit heraus in Ordnung. Achten Sie hier mehr darauf, was aus hündischer Sicht für den Hund und ein gemeinsames harmonisches Zusammenleben möglich ist.

Kapitel 7

Ich sehe was, was du nicht siehst!

Hunde sind wahre Anpassungskünstler. Sie passen sich unserem Leben, den Gegebenheiten und auch unseren Stimmungen an. Das tun sie immer in dem Streben, den momentanen Zustand zu verbessern. Ja, Hunde sind in der Tat anpassungsfähige Wesen. Ein harmonisches und vertrauensvolles Miteinander können wir aber nur dann erreichen, wenn auch wir uns in die Situation des Hundes hineinversetzen, um das eigene Verständnis zu optimieren.

Ich bin der Mensch – du bist der Hund –, das letzte Kapitel hat gezeigt, wie unterschiedlich die Wahrnehmungen der Wirklichkeiten sein können – und zu wie vielen Missverständnissen es deshalb kommt. In diesem Kapitel gehen wir noch einen Schritt weiter und fordern Sie auf, auch mal in die Rolle des Hundes zu schlüpfen – die Welt also „mit seinen Augen zu sehen“ bzw. mit seinen Sinnen zu erleben.

Dazu bieten die folgenden Seiten Gelegenheit und die Trainingstipps sind diesmal für den Hundehalter und nicht nur für den Vierbeiner. Begleiten Sie uns auf eine sinnliche Entdeckungsreise.

So tickt der Hund:
Die Leistungsfähigkeit der Sinnesorgane ist abhängig von der Anzahl der Sinneszellen im jeweiligen Sinnesorgan, der Empfindlichkeit der einzelnen Sinneszellen sowie von der Größe des Gehirnareals, in dem die Sinneseindrücke verarbeitet werden. Für unsere Hunde ist es sehr wichtig, dass sie die Sinne einsetzen können und auch entsprechend stimuliert werden. Hunde, die auch geistig mit Maß und Ziel gefordert werden, sind ruhiger, ausgeglichener und zufriedener. Haben Sie gewusst, dass bei den meisten Hunden die Kapazität des Gehirns mit nur etwa zwei Prozent ausgelastet ist? Wenn wir unsere Vierbeiner kreativ fördern und Konflikte lösen lassen, ist da also noch mehr drin.

Ohren auf – so hört der Hund!

Stellen Sie sich vor, Sie hören gerade ganz laut Musik! Oder sie sind in einem Lokal mit so schlechter Akustik, dass Sie Ihr eigenes Wort nicht verstehen. Die Geräuschkulisse ist fulminant: Verschiedene Gespräche, dazu Musik, das Klappern von Geschirr, das Klingen von Gläsern, die aneinanderstoßen… Wie würde es sich anfühlen, wenn Ihre Ohren so gut wie die eines Hundes wären?

Das Ohr des Hundes ist hoch entwickelt. Es nimmt Frequenzbereiche wahr, die ein Mensch nicht annähernd hören kann. Die obere Hörgrenze des Hundes liegt in einem Bereich, der für Menschen unerreichbar ist. Durch die beweglichen Ohrmuscheln kann der Hund Geräuschquellen auch besser orten. Für die Bewegung des Hundeohres sind zahlreiche Muskeln verantwortlich. Zudem können Hunde ihr

Gehör – ebenso wie ihren Geruchssinn – selektiv einsetzen: Sie blenden gewisse Geräusche einfach aus, andere wiederum filtern sie heraus. Fast jeder Hundebesitzer kennt die Situation, dass der Hund bei lauter Radiomusik schläft und nichts wahr zu nehmen scheint – bewegt man jedoch den Futternapf, ist er hellwach. **Deshalb:**

Hunde sind geräuschempfindlich: Ein Hund erschreckt sich schneller oder wird durch für uns nicht hörbare Geräusche abgelenkt. Außerdem ist auf die Lautstärke zu achten, mit der wir mit dem Hund sprechen oder ihm Signale geben. Anschreien ist definitiv nicht nötig.

Hunde sind lärmempfindlich: Unbedingt Rücksicht darauf nehmen! Lärm verursacht Stress, für die empfindlichen Ohren des Hundes beginnt der Lärm schon viel früher als für uns, darauf sollten wir unbedingt achten.

Tonlage: Hunde können aufgrund der Tonlage der menschlichen Stimme auf die momentane Stimmungslage dieser Person schließen.

Trainings-Tipp

Versuchen Sie ein ganz, ganz leises Geräusch (bspw. Piepsen, Japsen o.ä.) von sich zu geben und wenn Ihr Hund neugierig interessiert der Signalquelle folgt, loben Sie ihn motivierend und freudig. So können Sie ein „Aufmerksamkeits-Signal“ antrainieren, das die meisten Menschen gar nicht wahrnehmen, jedoch für den Hund vollkommen ausreichend ist. Das führt Sie gemeinsam zu einer anderen und erfolgreichen Kommunikation mit dem Hund.

Ich sehe was, was du nicht siehst – und das ist rot!

Hunde sehen anders als Menschen. Die Augen sind ihr wichtigstes Sinnesorgan, es wird als erstes eingesetzt, um die Lage zu checken und sich ein Bild von der Umgebung und möglichen „Beutetieren" zu machen. Selbst kleinste Bewegungen entgehen unseren Hunden nicht. Aber was und wie sieht eigentlich ein Hund? Die Fähigkeit des Hundes, scharf zu sehen und verschiedene Helligkeitsstufen zu unterscheiden, entspricht etwa der des Menschen, während die Fähigkeit, Muster und Strukturen zu differenzieren, jedoch deutlich geringer ist. Der Hund kann selbst kleinste Bewegungen (einen Fingerzeig, ein kleines Beutetier) auf große Distanzen wahrnehmen und zuordnen. Vor allem fremdartige Objekte erregen Aufmerksamkeit und verleiten unsere – von Natur aus neugierigen – Hunde, sich diese genauer anzuschauen. Allerdings gibt es rassebedingte Unterschiede. Früher ging man davon aus, dass der Hund nur Graustufen sehen kann. Diese Meinung wurde nach genaueren Untersuchungen revidiert, Hunde sehen Farben – einfach etwas anders als wir Menschen. Das Auge des Hundes enthält wie bei allen Säugetieren zwei verschiedene Lichtrezeptoren: Die Stäbchen sind für das Sehen von Graustufen zuständig, sind sehr zahlreich und benötigen wenig Licht für ein Signal an das Gehirn. Die Zapfen sorgen für das Sehen von Farben, sind weniger zahlreich und benötigen ausreichende Beleuchtung.

In der Dämmerung sehen auch wir nur in Graustufen. Bei Hunden ist (wie auch bei vielen anderen Säugetieren) der Augenhintergrund „verspiegelt" (Tapetum lucidum genannt), sodass einfallendes Licht vom Hintergrund des Auges reflektiert wird und die Stäbchen so noch einmal trifft. Darum leuchten Hundeaugen im Dunkeln gelb, bläulich oder grünlich, wenn sie von einer Taschenlampe oder einem anderen Licht angestrahlt werden.

Hunde verfügen nur über zwei unterschiedliche Zapfentypen, die für Gelb und Blau empfindlich sind (der Mensch im Vergleich hat drei). Dadurch wird nur ein Teil des menschlichen Farbspektrums abgedeckt: Rot ist eine Farbe, die der Hund nicht kennt. Das Farbensehen der Hunde ist sogar etwas in Richtung Ultraviolett verschoben, endet aber durch den fehlenden Rot-Rezeptor bei Gelb. Das muss man auch beim Hundetraining beachten. Das Sichtfeld des Hundes ist durch die seitlich am Kopf liegenden Augen wesentlich größer als das des Menschen. Es beträgt etwa 240 Grad im Gegensatz zu 200 Grad bei Menschen. Der Bereich, in dem Mensch und Hund dreidimensional sehen können, ist mit 120 Grad gleich groß.

Deshalb:

Hunde sind spezialisiert auf die Wahrnehmung von Bewegungen: Solange eine Person in einiger Entfernung stillsteht und sich nicht bewegt, kann der Hund sie nicht so gut sehen. Bei der kleinsten Bewegung erwacht jedoch sofort die komplette Aufmerksamkeit unseres Hundes.

Hunde checken immer als erstes die Lage: Für den Hund ist es wichtig, dass er sich an einem unbekannten oder neuen Ort umschauen (auch schnüffeln) darf, dies entspricht der Natur des Hundes. Kann er dies nicht, führt dies oftmals zu Unsicherheit und Unruhe, wenn es ihm nie erlaubt wird, sogar zu Frustration. Wenn wir Menschen an einem neuen Ort sind, schauen wir uns auch als erstes um. Wie würden wir uns fühlen, wenn wir das nicht dürften? Wenn wir uns mit verbundenen Augen hinsetzen müssten und wir nicht wüssten, wer da ist und was um uns ist? Ziemlich unangenehmer Gedanke, oder?

Handzeichen kann der Hund über weite Entfernungen sehen: Wenn wir unserem Hund neben dem gesprochenen Signal ein entsprechendes deutliches Handsignal lehren, wird er dies selbst aus größter Entfernung verstehen.

Hunde sind Meister im Erfassen der menschlichen Körpersprache: Vielleicht können Hunde nicht immer deuten, was unsere Grimassen oder unser Gefuchtel bedeuten soll, aber sie können selbst die kleinsten Regungen in unseren Gesichtern sehen. Seien wir uns dessen bewusst, wenn wir mit unseren Hunden sprechen, sie sehen alles! Auf der anderen Seite kann dies zu unserem Vorteil genutzt werden, indem wir unserem Hund mit minimalstem Aufwand eine Botschaft übermitteln können – die der Hund natürlich nur versteht, wenn er vorher die Bedeutung gelernt hat.

Trainings-Tipp

Im Training könnten Sie versuchen, Ihrem Hund ein eindeutig erkennbares Sichtzeichen zu geben (bspw. den Arm vom Körper weg zu strecken) und das mit einem bekannten Hörzeichen wie bspw. „sitz" zu verbinden. Wenn Ihr Hund sich dann hinsetzt, loben Sie Ihn ausgiebig. So können Sie ein gewünschtes „Kommando" nun auch mit einem leicht für den Hund verständlichen Sichtzeichen antrainieren, das Ihnen im Alltag hilft, Ihren Hund auch auf Distanz zu lenken. Zusätzlich erleichtert es die Kommunikation mit dem Hund, da Hunde sehr genau auf die Körpersprache und Zeichen eines Menschen achten.

Eine Nase fürs Detail

Hunde verfügen über einen außerordentlich guten Geruchssinn. Sie sind in der Lage, selbst sehr alte Gerüche noch zu erkennen und zu unterscheiden. Ein Kontakt von wenigen Sekunden genügt dem Hund, um einen Geruch aufzunehmen und diesen von anderen zu unterscheiden oder ihm zu folgen. Wie kommt das?

Die Nase des Hundes ist wesentlich empfindlicher als die des Menschen. Dies zeigt sich anhand der Anzahl von Riechzellen, wobei es zwischen den Hunderassen erhebliche Unterschiede gibt. Grob gesagt: je länger die Hundeschnauze, desto mehr Fläche mit Sinneszellen, desto besser das Riechvermögen. Messungen haben ergeben, dass das Riechvermögen des Hundes millionenfach besser ist als das des Menschen. Der Hund kann in kurzen Atemzügen atmen, sodass die Riechzellen ständig mit neuem „Geruchs-Material" versorgt werden. Das wichtigste „Riechorgan" ist das Gehirn, hier werden die eintreffenden Daten verarbeitet und ausgewertet. Bei Hunden ist der Bereich des Gehirns, der für die Verarbeitung zuständig ist, wesentlich größer als beim Menschen, wodurch das Wahrgenommene weiter differenziert werden kann. Hunde können extrem geringe Konzentrationen von Gerüchen noch wahrnehmen. Und: Hunde „schmecken" Gerüche auch über das Jacobsonsche Organ (Vomeronasalorgan), das sich im Gaumen befindet. Dieses transportiert die aufgenommene Information sofort an das Limbische System, auch umgangssprachlich unser „Gefühlsgehirn" genannt. Schnüffeln liefert dem Hund nicht nur Informationen über seine Umgebung, sondern auch über seine Artgenossen, sei es durch direktes Beschnüffeln des anderen oder aber das indirekte Riechen an Markierungen und Hinterlassenschaften. Die Hunde können so „Steckbriefe“ und Mitteilungen hinterlassen. Außerdem können sie gewisse Gemütslagen des Menschen „erschnüffeln“, denn Angst, Stress, Nervosität etc. verändern die Ausdünstung und den Geruch unseres Körpers. Ja, sie können sogar als Diabetes-Suchhund eingesetzt werden und zeigen dem Halter an, wann er sein Insulin nehmen muss, oder auch als Krebsspürhund, um kleinste Tumore im Körper zu orten.

Deshalb:

Nasenarbeit ist anstrengend: Die Nase des Hundes ist hoch entwickelt und benötigt für den Einsatz die meiste Energie von allen Sinnesorganen. Vorsicht, dass der Hund sich nicht überanstrengt!

Nasenarbeit ist befriedigend: Hunde lieben es, ihre Nase gebrauchen und einsetzen zu können, die Welt in der sie leben zu entdecken und zu erforschen, Spuren zu finden und zu verfolgen. Gleichzeitig macht es auch uns Menschen Spaß, weil es immer wieder erstaunlich und faszinierend ist, wie gut unsere Hunde darin sind.

Trainings-Tipp

Legen Sie mit einem Lieblingsleckerli „Riechspuren“ (mit dem Leckerli den Boden markieren) und verstecken Sie es anschließend. Natürlich darf der Hund dabei nicht zusehen. Lassen Sie den Hund dann an Ihren Händen schnüffeln und setzen Sie ihn mit dem „Such“-Kommando auf die Fährte. Achten Sie hier darauf, dass das „Such“ angenehm und weich gesprochen wird. Denn Leistungsdruck beim Aufbau einer Übung ist sehr kontraproduktiv! Lassen Sie Ihren Hund mit der Nase „arbeiten“ und sollten Sie merken, dass er das Lieblingsleckerli nicht gleich findet und aufgeben würde, dann helfen Sie nach, sodass er es auf alle Fälle findet. Dies ist zusätzlich ein Indikator für Sie, dass Sie die Übung zu Beginn einfacher gestalten müssen.

Zu Beginn reicht es, ein bis zwei Leckerli zu finden und erst mit der Erfahrung Ihres Hundes sollten Anzahl und Schwierigkeitsgrad gesteigert werden.

Schmecken ist nicht ihre Stärke

Der Geschmackssinn des Hundes ist gegenüber dem des Menschen eher weniger gut entwickelt. Ein Hund besitzt weniger Geschmacksknospen als der Mensch. Die Regionen der Geschmackswahrnehmung sind anders als beim Menschen gegliedert. Die Rezeptoren, die Fleisch anzeigen, sind beispielsweise auf der ganzen Zunge verteilt. Allerdings unterscheidet sich der Geschmack des Hundes oft wesentlich von dem des Menschen – etwas, was jeder Hundehalter kennt, dessen Hund sich auf Aas oder Pansen stürzt!

Außerdem arbeitet der Geschmackssinn eng mit dem Geruchssinn des Hundes zusammen. Meist riecht der Hund erst an der Nahrung, bevor er diese kostet. Oftmals passt der Spruch: „Was der Bauer nicht kennt, frisst er nicht!". Bei Hunden, welche in der Sozialisierungsphase nicht einige verschiedenste Futterarten und Leckerchen probiert haben, kann es vorkommen, dass sie diese ihr ganzes Leben nicht fressen. Durch Nachahmungslernen von Artgenossen kann hier manchmal nachgeholfen werden. Frei nach dem Motto, wenn es meiner besten Freundin schmeckt, kann es ja nicht so schlecht sein. Zu beachten ist, dass das „Geschmacksvermeidelernen" nachhaltige Lernerfahrung mit sich bringt. Beispielsweise kann es passieren, dass Sie Ihrem Hund Fisch füttern, wenn er zufällig eine Magenverstimmung hat und darauf erbrechen muss. Danach kann es sein, dass Ihr Hund von da an keinen Fisch mehr fressen mag. Ist doch logisch, denn in der Natur kann sich kein Tier erlauben, ungenießbare Nahrungsmittel wie Beeren mehrmals zu fressen und immer wieder daraufhin zu erbrechen.

In die Gefühlswelt „vortasten“

Wenn wir nun näher den Tastsinn beleuchten, so ist es bei Hunden anders. Sie haben keine Hände, um alles zu ertasten, dies machen Sie mit ihrem Maul, auch ihren Barthaaren und auch ihren Pfoten (wenn auch anders genutzt). Der Hund hat mehrere Tastorgane. So dienen die Tasthaare (Vibrissen) an den Lefzen, die Augenbrauen, die Ohren und die Beinaußenseiten als Orientierungshilfen im Dunkeln oder an engen Stellen. Bei vielen Rassen sind die Tasthaare nur noch an den Lefzen und Augenbrauen vorhanden. Mit der Zunge, dem Nasenschwamm, den Lefzen und mit den Pfotenballen kann der Hund ebenfalls tasten. Er unterscheidet damit Wärme und Kälte, Weiches und Hartes. Tasten und fühlen ist wichtig für die Hunde, sie wälzen sich oft und erforschen genüsslich die verschiedenen Bodenstrukturen und ihre Umwelt.

Beim zärtlichen Streicheln wird das Bindungshormon Oxytocin ausgeschüttet. Bei der Betreuung von Tieren werden bei uns Menschen die gleichen Belohnungssysteme im Gehirn aktiviert wie bei der Betreuung von Kindern. Dieses Belohnungssysteme im Gehirn fördern die Bindung zwischen Eltern und Kind, zwischen Paarpartnern und anscheinend auch zwischen Menschen und Hunden.

Dadurch ergibt sich, dass Hunde eine spezifische vegetative Reaktion bei besonderen Menschen, beispielsweise dem Hundehalter, haben. So erhöhte sich in

einer Untersuchung der Harn-Oxytocin-Spiegel des Hundes nach Interaktion mit dem Hundehalter.

Überlegen Sie sich nun, wie viel „hochwertigen Kontakt" Ihr Hund mit Ihnen am Tag hat. Wie viele Streicheleinheiten gibt es wirklich und keinesfalls schnell, schnell zwischendurch. Gemeinsames „Kontaktliegen" ist ein wichtiger Faktor für Mensch & Hund! Dies sollte aber niemals mit „Zwangskuscheln" verwechselt werden!

Der sechste Sinn: die Stimmungsübertragungen

Und nun zur Königsdisziplin. Um einmal im Ansatz die Stimmungsübertragungen und Wahrnehmungen der Hunde in diesem Bereich fühlen oder erleben zu können, legen Sie doch mal eine Schweigestunde ein. Es ist essentiell wichtig, in dieser Zeit nicht zu sprechen. Und auch nichts zu schreiben, nicht fernzusehen, sondern wirklich aus den „sprachlichen Feldern" raus zu gehen. Ein Buch lesen und Musik hören zur Ablenkung sind nicht erlaubt. Fühlen Sie sich in die Situation Ihres Hundes hinein. Wenn Sie diese Übung besonders gut machen möchten, dann empfiehlt es sich, einen ganzen Schweigetag einzulegen. Am besten können Sie die Verzweiflung, den Frust, die Trauer mitfühlen, wenn es am Schweigetag einen Streit zwischen lieb gewonnenen Menschen gibt und Sie können nicht eingreifen, bekommen aber die ganzen Emotionen mit. Sie fühlen alles, können aber nichts dagegen tun oder mitwirken.

Wenn Sie diese Übungen wirklich gewissenhaft gemacht haben, dann können Sie sich sicherlich gut vorstellen oder nachvollziehen, dass unsere Hunde und Tiere in unserem Leben sehr viel durch ihre Anpassung leisten.

Bewusste Anpassung oder bewusste Nicht-Anpassung macht es leichter!

Auch Menschen sind „Herdentiere". Anpassung macht vieles leichter. Die Anpassung an die „Herde" macht es mir leichter bzw. wird von uns erwartet, um ein Teil der „Herde" sein zu „dürfen". Der Ausschluss aus der „Herde" kann für manche Menschen lebensbedrohend wirken, und der Körper kann sogar die gleichen Gefühle aussenden. Hier sollte immer von unserem Verstand hinterfragt werden, ob dies wirklich zulässig für mich und mein Leben ist. Mit dem Gesetz der Anpassung kann die Gegensteuerung des Mitschwimmens im breiten Strom erwirkt und erreicht werden. Und dadurch entsteht etwas sehr Machtvolles: – BEWUSST SELBST ENTSCHEIDEN!

Bewusste Anpassung - Beispiele:

- Sympathie
- Akzeptanz
- Kontakte – Netzwerk
- Anerkennung in der „Gruppe“
- Gruppenstatus
- Umfeld steuern
- Komfortzone erweitern
- Erreichen der gewünschten Ziele

Bewusste Nichtanpassung - Beispiele:

- Auffallen
- Themenführerschaft, Trendsetter
- Komfortzone erweitern
- Autorität
- Steuerung des Umfelds
- Gruppenposition
- Erreichen der gewünschten Ziele

Das Gesetz der Anpassung

Sie haben jetzt schon so viel von Eigenverantwortung, starkem Willen und Mut zum Handeln gehört, dass allein das Wort Anpassung als Widerspruch dazu erscheint. Ja, ist es nicht eine Verleugnung der eigenen Ziele? Einerseits lautete die Botschaft doch: Geradlinig sein, sich selbst treu sein, aufrichtig und ehrlich sein! Aber: Auf Ihrem Weg zum Erfolg werden Sie auch die Erfahrung machen, dass das allein nicht genügt, um erfolgreich zu sein. Wie immer gibt es zwei Seiten einer Medaille und einen goldenen Mittelweg. Nichts im Leben ist nur schwarz oder nur weiß, es gibt auch Grautöne. Wer die Welt nur schwarz-weiß sieht, verpasst eine Menge. Die Mischung von beidem macht interessant und erfolgreich. Also gilt es abzuwägen, ob Individualität oder Anpassung gerade gefragt ist. Was in einer Situation unvorteilhaft, anbiedernd oder gar verlogen ist, kann in einer anderen Situation für alle gewinnbringend, helfend und ehrlich sein. Nicht leicht, aber genau diese Flexibilität und die eigene bewusste Entscheidung sind das Wesentliche beim Gesetz der Anpassung. **Das Gesetz der Anpassung verlangt zwei Dinge von uns:**

1. Dass wir uns an die gegebenen Bedingungen und Spielregeln bewusst, soweit wir dies für zielführend halten, anpassen.
2. Dass wir jenen Menschen, die wir motivieren bzw. führen möchten, genügend Unterstützung geben, damit sich diese an unsere vorgegebenen Bedingungen anpassen können.

Trainings-Tipp

Üben Sie sich in der bewussten Anpassung und der bewussten Nicht-Anpassung!

Sie sehen im Hundepark momentan viele Leute mit ihren Hunden Frisbee spielen. Disc Dogging ist ja zu einer Modesportart geworden. Bitte überlegen Sie sich bevor Sie mit Ihrem Hund mit dieser Art der Beschäftigung beginnen, ob diese Sportart für Sie und für Ihren Hund geeignet ist und ob Sie sich hier der „Modeerscheinung" anpassen wollen oder nicht. Entscheidend ist immer die bewusste Entscheidung! Überlegen Sie genau, ob das etwas für Sie und Ihren Hund wäre und ob Sie das gemeinsam machen möchten. Bedenken Sie alle Beweggründe: Ist Ihr Hund dafür geeignet, können Sie dies körperlich ausführen. Pusht das Ihren Hund nicht zu weit hoch, sodass es besser ist, sich dagegen zu entscheiden?

Wichtig wie überall ist, den eigenen Ehrgeiz niemals über den Rücken unseres besten Freundes ausleben.

Kapitel 8

Wer ist hier der Boss?

Das fragen sich Hundehalter immer wieder, wenn der Hund den eigenen Kopf mal wieder durchsetzen will. Der Begriff des Alphatiers ist in diesem Zusammenhang ein vielgebrauchter, aber wohl auch der am meisten missverstandene! In der Verhaltensbiologie wird das Tier als Alphatier bezeichnet, das der Gruppe die Richtung angibt, sie vor gefährlichen Situationen bewahrt und vor Gefahren versucht zu beschützen. Die „authentische Führungsperson" ist das Geheimnis.

Per Definition ist ein Alphatier jenes Leittier einer Gruppe, das meistens auch das kräftigste und größte Tier ist. Die Bezeichnung Alphatier wird vom ersten Buchstaben des griechischen Alphabets „Alpha“ abgeleitet. Ein Alphatier ist daher das „erste“ Tier der Gruppe. In der Verhaltensbiologie wird das Tier als Alphatier bezeichnet, das der Gruppe die Richtung angibt, sie vor gefährlichen Situationen bewahrt und vor Gefahren versucht zu beschützen. Alphatiere sind nicht ständig mit Artgenossen kämpfende und sich beim Futter oder anderen Ressourcen dominant verhaltende Tiere. Ganz im Gegenteil: Alphatiere sind im Wesen ausgeglichene Persönlichkeiten, die zwar über Selbstbewusstsein verfügen, sich aber nicht ständig beweisen müssen. Meistens sind es ruhige Tiere, die aber über eine starke physische Präsenz verfügen.

Nur in Ausnahmefällen kommt es zu körperlichen Auseinandersetzungen. Ausnahmefall deshalb, weil jeder Kampf schwere Verletzungen nach sich ziehen kann, die meistens in freier Natur tödlich ausgehen und daher nach Möglichkeit vermieden werden.

Für ein gesichertes Überleben ist es daher notwendig, dass eine Gruppe einen Anführer hat, der sich nicht ständig beweisen muss. Der nicht ständig bestätigen muss, der Größte und Kräftigste zu sein – denn damit bringt er seine Gruppe ständig in Gefahr.

Die menschliche Definition des Begriffs „Alphatier“ lässt sich auf „Überlegenheit“ reduzieren: „Ich bin das Alphatier, daher muss ich vor meinem Hund durch die Türe gehen!“ Damit soll Überlegenheit gezeigt werden, wenn der Mensch vor dem Hund durch die Türe geht. Es wird fälschlich angenommen, dass es das höchste Ziel des Hundes ist, nach oben zu kommen, die Führung in der Beziehung zum Menschen an sich zu reißen und die Weltherrschaft zu übernehmen.

Sind Sie ein Rudelführer? Entscheiden Sie selbst!

Generell wird „Führungskompetenz“ stets innerhalb definierter Gesellschaftsgruppen ausgeübt. In tierischen Gesellschaften führen solche Individuen, die nicht nur von allen anderen akzeptiert werden, sondern jene, die sowohl spielerische Eigenschaften besitzen als auch eine stabilisierende Rolle ausüben. Aber Mensch und Hund bilden keine Gesellschaftsgruppe, das können nur entweder Menschen oder Hunde untereinander. Aber Menschen und Hunde bilden eine Gemeinschaft mit einem gemeinsamen Nutzen für jede der Gruppen.

Ist es überhaupt notwendig, im Zusammenleben Mensch – Hund einen sogenannten „Rudelführer" zu haben?

In einem freilebenden Hunderudel gibt es meistens einen Rüden, der das Rudel führt. Diese Führung besteht daraus, die Gruppe zu guten Futterplätzen zu führen und zu sicheren Schlafplätzen. Sie vor Gefahren zu bewahren – indem man Gefahren möglichst aus dem Weg geht.

So „tickt" der Hund:
Im hündischen Zusammenleben gilt das Gesetz des Stärkeren, was aber nicht zwangsläufig etwas mit körperlicher Dominanz zu tun haben muss. Es ist wichtig für ein gesichertes Überleben, wenn der Führer der Gruppe körperlich stark ist, um eventuelle Angreifer schon alleine durch die körperliche Präsenz davon zu überzeugen, dass sich ein Kampf erst gar nicht lohnt. Kommt es doch zu einem Kampf, sichert die körperliche Stärke hoffentlich das Überleben.

Es ist in unserer Gesellschaft Gott sei Dank nicht notwendig, dass wir um die besten Futterplätze kämpfen müssen, dazu gibt

es Supermärkte. Wir Menschen haben eine Wohnung oder auch ein Haus, in dem wir sicher sind und über einen guten Schlafplatz verfügen. Die Hunde in unserer Gemeinschaft haben deswegen im Zusammenleben mit uns meist diese Sorgen auch nicht.

Bleibt der Punkt „vor Gefahren bewahren"

Was Hunde und Menschen als Gefahr empfinden, kann durchaus unterschiedlich sein, wie wir im Kapitel 6 kennengelernt haben. Wir Menschen empfinden für unsere Hunde zum Beispiel andere Hunde als Gefahr, Straßenverkehr und alles was zu gesundheitlichen Komplikationen (verdorbenes Essen, Giftköder, verschluckte Gegenstände) führen kann. Hunde empfinden oft schon kleine Abweichungen von der gewohnten Umgebung als bedrohlich – ein großes Auto, das an einem Eck steht, das normalerweise immer leer ist, ein lautes Geräusch, das aus einer Baustelle kommt, oder ein laut plärrendes Autoradio.

Im Zusammenleben mit Hunden ist es daher wichtig, dass der Mensch seinem Hund Sicherheit vermittelt, um die alltäglichen Hindernisse besser bewältigen zu können.

Ganz nach dem Motto: „Ich regle das für Dich, keine Sorge!“

Vermittelt der Hundebesitzer diese Sicherheit nicht, dann wird der Hund ständig versuchen, alles selbst zu regeln. Dann kommt es dazu, dass man auf einmal einen Hund hat, der alles angreift, was ihn beunruhigt. Man hat einen Hund, der als „aggressiv“ abgestempelt wird, obwohl er im Grunde nur nach seinen Urinstinkten handelt: „Angriff ist die beste Verteidigung“. Frei nach dem Motto: Bin ich schneller als der Andere (das „Andere“ kann auch ein unbelebtes Objekt sein), dann sind meine Überlebenschancen besser!

Es geht also im Zusammensein mit unseren Hunden nicht darum, dass wir das „Alphatier“ spielen, sondern darum, eine ruhige, sichere und souveräne Führung für das gemeinsame Zusammenleben zu übernehmen.

Akzeptanz ist das Zauberwort!

Je größer die menschliche Kompetenz in Ruhe und Gelassenheit und das Überzeugungsvermögen, desto größer die Akzeptanz durch den Hund. Um diese zu erreichen und – was noch schwerer ist – auch dauerhaft zu erhalten, sind jedoch einige Dinge zu beachten. Kein Ziel kann alleine und losgelöst erreicht werden. Man muss das miteinander – mit seinem Hund – suchen und kann nicht nur seinen eigenen Weg gehen.

Zur Umsetzung von Ideen ist neben der Akzeptanz des anderen auch die Bereitschaft zur Mitarbeit erforderlich. Schaffen Sie es nicht, Ihren Hund zu motivieren, mit Ihnen zusammenzuarbeiten, werden sie als Team keinen Erfolg haben. Eine Gemeinschaft funktioniert umso besser und arbeitet umso homogener auf ein Ziel zu, desto besser die Führung ist. Persönlichkeiten mit Führungsqualitäten zeichnen sich aber vor allem dadurch aus, dass sie in der Lage sind, auch äußeren Widerständen oder internen Motivationskrisen „aktiv“ zu begegnen.

Ein Beispiel: Sie haben einen Hund, der sich vor Begegnungen mit Artgenossen fürchtet. Sobald er einen anderen Hund nur aus der Ferne sieht, beginnt er zu bellen, er will auf ihn zuspringen und man gewinnt den Eindruck, dass, wenn er könnte, er sich auf ihn stürzen und ihn fressen würde. Hat der Besitzer mit seinem Hund ein gutes und vertrauensvolles Verhältnis aufgebaut und der Hund arbeitet gerne und motiviert mit seinem Besitzer mit, kann man in solchen Problemsituationen darauf zurückgreifen. Jetzt muss der Hund nur noch lernen, dass er sich nicht selber um den anderen Hund kümmern muss. Also der Mensch übernimmt das Management dieser Situation. Erst dann kann er verstehen, dass es keine Bedrohung ist, wenn ein anderer Hund an ihm vorbeigeht. Der Hundebesitzer sollte versuchen, immer dann, wenn in der Ferne ein anderer Hund gesichtet wird, seinen Hund zu sich zu rufen, seine Aufmerksamkeit zu gewinnen. Ein gut trainiertes und sicher abrufbares „Komm-Kommando“ ist da sehr hilfreich.

Ist der Hund nun beim Besitzer, kann dieser ein Alternativverhalten zu dem Bellen oder Hinspringen abrufen. Beispielsweise „Warte“ („Steh“), wenn er das im Vorfeld eingeübt hat. Wenn ja, kann er dieses nun von seinem Hund einfordern und ihn für das positive Erledigen belohnen. Sehr schnell wird der Hund lernen, dass es sich für ihn nicht lohnt, den anderen Hund anzubellen. Besser ist es für ihn, sich auf seinen Besitzer zu konzentrieren. Und je öfter man dieses Alternativverhalten während einer Hundeannäherung übt, desto mehr wird der Hund die Verunsicherung durch die Begegnung mit dem anderen Hund ablegen. Er lernt, dass sein Mensch für ihn diese kritische Situation löst.

Führen setzt also das Wollen zum Handeln voraus. Der Hundebesitzer muss handeln, sobald er einen anderen Hund wahrnimmt. Nicht erst warten, bis sein Hund schon in der Leine hängt, da ist bereits alles verloren. Je ruhiger und sicherer der Mensch ist, desto besser, desto klarer seine Vorstellungen sind, was der Hund machen soll, desto besser wird es klappen. Denken Sie hier an Ihr richtiges Bild im Kopf!

Lässt sich der Mensch aus der Ruhe bringen und wird selbst hektisch, hysterisch, schreiend oder fürchtet sich, wie diese Hundebegegnung wieder ablaufen wird, verliert er seine Führungsqualitäten und die Akzeptanz seines Hundes.

Hör auf mich!

Es muss jedoch nicht immer aggressives Verhalten sein, das Probleme im Zusammenleben mit einem Hund macht. Oft passiert es, dass man mit seinem (mit Mensch und Hund) gut verträglichen Hund in der Natur spazieren geht, ihn von der Leine lässt, um ihm die Möglichkeit zu geben, sich auszutoben und sich frei zu bewegen. Man selber lässt die Gedanken abschweifen oder unterhält sich mit anderen Menschen oder telefoniert. Und wenn man das nächste Mal aufsieht, ist der Hund weg!

Hat man Glück, sieht man ihn noch, hat man gut trainiert, kann er vielleicht auch noch zurück gerufen werden. Das kann für Hundebesitzer sehr unangenehm werden, vor allem, wenn man es eilig hat und eventuell einige Zeit warten muss, bis der Hund wiederkommt. Gefährlicher wird es, wenn dort kein Freilaufgebiet ist, eine Straße vorhanden oder der Hund wildern geht und ein Jäger in der Nähe ist.

Wenn der Hund abhaut, ist das immer ein Zeichen dafür, dass er etwas anderes spannender findet und dort hin will. Sein Besitzer schenkt ihm keine Aufmerksamkeit, den Weg kennt er schon – und daher sind fremde Düfte oder (davon-)laufende Lebewesen um einiges interessanter. Meistens passiert es, dass ein Hund davonläuft, wenn man immer oder zumindest sehr oft den gleichen Spaziergang macht. Irgendwann wird immer der gleiche Weg einfach langweilig. Beim ersten Mal ist man auch noch nicht sehr beunruhigt, man macht weiter wie bisher. Aber schnell kann das zur Gewohnheit werden.

Sie werden überrascht sein, bei wie vielen Dingen Sie gar nicht wissen, warum sie so handeln oder denken. Sie werden feststellen, dass Sie vieles in Ihrem Leben – viel mehr als sie bisher vielleicht gedacht haben – aus reiner Gewohnheit machen. Und diese Gewohnheiten machen Sie zu dem, was sie sind. Sie führen Sie sozusagen.

Das Gesetz der Führung

Authentisch sein – immer und überall. Die Führung nur als „Teilzeitjob" zu sehen und Ihr Denken, Ihr Verhalten, Ihre Persönlichkeit nur teilweise Ihren Führungsaufgaben anpassen ist grundsätzlich falsch. Führung muss gelebt werden. Den Erfolgsweg zu gehen heißt im Orchester Ihres Lebens nicht Resonanzkörper zu sein, sondern Dirigent, bei dem jede Bewegung einen bestimmten Ton hervorruft. Nur wer handelt, setzt Ursachen und bewirkt Reaktionen, und nur so kann er vorgeben und damit die Führung übernehmen. Wichtig: Als Führungspersönlichkeit wird anerkannt, wer die Qualifikationen verkörpert. Nur durch das ständige „Leben" der gewünschten Persönlichkeit werden sich die entsprechenden Gewohnheiten heranbilden. Sie werden Ihrer selbst immer sicherer und Ihre Ausstrahlung und Glaubwürdigkeit werden immer mehr zunehmen. 100 % authentisch sein, dass ist es, was eine wirkliche Führungspersönlichkeit von künstlichen Autoritäten unterscheidet.

Das Verstehen dieses Prinzips kann aber auch eine gewaltige Chance sein. Jeder kann sich nämlich durch das bewusste Festlegen seiner Gewohnheiten selbst führen. Gibt es Situationen, die unangenehm sind, die Überwindung kosten, kann man durch Gewohnheiten Sicherheit schaffen.

Gewohnheiten sind es also, die uns führen und uns zu der Persönlichkeit machen, die wir sind. Wenn wir also nun eine andere Persönlichkeit sein wollen, als wir im Moment sind, wenn wir Dinge an uns ändern möchten … dann müssen wir einfach nur unsere Gewohnheiten ändern!

Bleiben Sie kein „Gewohnheitstier“!

Um eine Gewohnheit zu ändern, muss ich mir eine neue Gewohnheit antrainieren. Ich muss mich intensiv damit beschäftigen und es wird einige Wochen, vielleicht auch einige Monate dauern, bis eine alte Gewohnheit durch eine neue ersetzt worden ist. Erst dann werde ich das gewünschte Verhalten automatisch an den Tag legen. Natürlich hängt die Dauer der Veränderung auch davon ab, wie stark unser Glaube und unsere Gewohnheiten schon „sitzen“ (Kapitel 1).

Trainings-Tipp

Zurück zu unserem Beispiel mit dem davonlaufenden Hund: Sich interessanter machen ist der Schlüssel zum Erfolg!

Zuerst sollte man z.B. an einer Schleppleine (10 oder 20 Meter) üben. Man nimmt ein „Super-Leckerli“ mit – nichts, was der Hund sonst auch bekommt. Wenn der Hund gerne spielt, dann kann man auch sein Lieblingsspielzeug mitnehmen – das er aber ab sofort nur mehr bei den Spaziergängen beziehungsweise in Interaktion mit dem Besitzer bekommt!

Man muss bei diesen Spaziergängen zum Mittelpunkt des Interesses für den eigenen Hund werden. Am Beginn wird es vielleicht erforderlich sein, dass man ungewöhnliche Dinge tut. Beispielsweise springt, mit den Armen wedelt oder ein Verhalten zeigt, dass ganz außergewöhnlich ist, um die Aufmerksamkeit des Hundes bekommen. Sobald man merkt, dass er im Ansatz ist, wieder sein gewohntes Verhalten zu zeigen (davonlaufen), muss man eine Überraschung für den Hund herbeizaubern. Somit macht man sich für den eigenen Hund zum „Zauberer“ und auch interessanter!

Die Schwierigkeit, über die die meisten Menschen einfach nicht hinwegkommen, liegt lediglich in der Phase der Umstellung.

Hat man diese Phase erfolgreich durchgemacht, ist man danach zufriedener und erfolgreicher. Daher nicht verzagen, wenn der Hund wieder einmal davonläuft, kleine Rückschläge sind noch kein Misserfolg! Es kann sein, dass man sich selbst noch weiter verbessern muss, um dann das gewünschte Ziel zu erreichen. Sozusagen eine Optimierung des gemeinsamen Erfolgsweges.

Indem man seine Gewohnheiten selbst bestimmt, kann man auch selbst bestimmen, wohin einen diese Gewohnheiten führen werden.

Prinzipiell sollte man sich stets bewusst sein, dass jedes Führen kleinere oder größere Widerstände hervorrufen wird. Dies ist automatisch durch die ständige Kreuzung verschiedener Wege und somit Interessen gegeben. Eine Handlung ist auch immer Ursache für eine Reaktion. Es kann keine Ursachen ohne Wirkung geben – und keine Wirkung ergibt sich ohne Ursache.

Nur wer handelt, setzt Ursachen und bewirkt Reaktionen. Nur so kann man vorgeben und damit die Führung übernehmen. Ohne ständiges, bewusstes Handeln ist aktives Gehen des Weges und somit auch die eigene Entwicklung des Zieles nicht möglich. Im Zusammenleben mit ihrem Hund bedeutet das, dass Sie aktiv das gemeinsame glückliche und harmonische Leben gestalten sollten.

Kapitel 9

Für gerechten Ausgleich sorgen

Mal ganz ehrlich: So ein bisschen überlegen fühlen wir Menschen uns ja schon. Oft wissen wir die kleinen, alltäglichen „Geschenke" unserer Vierbeiner gar nicht richtig zu schätzen. Ein Zusammenleben, in dem wir nur Kommandos geben und der Hund diese befolgt, droht aber schnell aus der Balance zu geraten, wenn wir nicht auf den nötigen Ausgleich achten. Wer nehmen will, muss auch geben! Verlieren Sie diese Gesetzmäßigkeit nicht aus dem Blick.

Im Zusammenleben mit unseren Hunden nehmen wir vieles einfach als selbstverständlich an. Unser zeitaufwendiges Training mit dem Vierbeiner wird mit Gehorsam belohnt, für das tägliche Fressen bekommen wir einen liebevollen Blick aus treuen Hundeaugen, fürs Ballspielen ernten wir ein freudiges Bellen. Ist der Hund auf dieser Welt, um uns zu gefallen? Wir schenken ihm Aufmerksamkeit, Pflege und Liebe – und bekommen im Austausch einen treuen Weggefährten.
So weit – so einfach – so falsch. Nicht grundsätzlich, sondern im Detail betrachtet: Denn Hunde geben oft viel mehr, als sie von uns bekommen. Hier geht es nämlich einmal nicht um die schlichte Belohnung, sondern um den perfekten Ausgleich. Bei genauer Betrachtung ist das nämlich ein klein wenig komplizierter.

Wo das Glück wohnt

Wer ist der wichtigste Mensch in Ihrem Leben? Wer oder was macht Sie glücklich? Zwei Fragen, über die es sich nachzudenken lohnt. Wer jetzt in langes Grübeln verfällt, das eine gegen das andere abwägt, der ist garantiert schon auf dem Holzweg. Die Antwort auf beide Fragen ist nämlich dieselbe – das Glück wohnt in jedem Menschen selbst. Der Volksmund sagt: Jeder Mensch ist seines Glückes Schmied. Eine simple Wahrheit, die man nur allzu oft vergisst.

Oder was hat das alles mit dem Hund an unserer Seite zu tun?

Wir leben in einer bipolaren Welt: Es gibt hell und dunkel, schwarz und weiß, gut und böse... etc. Wir Menschen neigen dazu, alles zu bewerten (gut/schlecht-Schema). Tatsache ist, dass wir aus unserer jetzigen Sichtweise – mit den Inputs aus der Vergangenheit und unseren Konditionierungen und Gewohnheiten – Situationen und Dinge bewerten. Meist sind wir mit negativen Bewertungen schneller zur Hand als mit positi-

ven – und nur manchmal revidieren wir nachträglich das vorschnelle Urteil. Die Bewertungen beginnen bei uns selbst.

Wir bewerten unseren Körper, unseren Geist – ja sogar unsere Seele. Die Bewertungen gehen dann nahtlos in unserem Umfeld weiter. Besonders in unserem direkten Umfeld, bei der Familie, bei unserem Hund, sind wir geneigt vorschnell zu urteilen. Wir neigen dazu, alles und immer zu bewerten.

Nun kommt vielleicht ganz unverhofft unser Hund um die Ecke und schmust sich an unser Bein. Er will uns nah sein, fordert Nähe und Zuwendung ein. Und was machen wir Menschen? Oft denken wir dann: Schau, der hat sicher was angestellt, wenn er sich so an mich „anschmust". Und über die Bewertung allein können wir die spontane Liebesbekundung gar nicht mehr richtig genießen.

Was wäre so schlimm daran, wenn wir denken: Das habe ich mir verdient!

Sich selbst wertschätzen

Doch sehen wir uns das Thema „Bewertungen" noch mal genauer an: Um Geben und Nehmen in Ausgleich bringen zu können und vor allem langfristig erfolgreich und zufrieden zu sein, ist es wichtig, zuerst bei sich selbst zu beginnen. Ein leicht nachvollziehbares Szenario ist Stress versus Ruhe: Wer seinem Körper Höchstleistungen abverlangt, muss dem Körper Phasen der Ruhe und des Ausgleichs bieten. Je nachdem, in welcher Weise man den Körper fordert, braucht er im Ausgleich Bewegung und/oder Ruhe, auf alle Fälle aber eine ausreichend gesunde Ernährung und genügend (erholsamen) Schlaf.

Doch damit allein ist es natürlich nicht getan, denn was nutzt das beste körperliche Ausgleichsprogramm, wenn der Kopf nicht zur Ruhe kommt? Wer viele Sorgen hat, muss sich mit positiven Gedanken und Erlebnissen „frei denken", darf nicht nur die Probleme sehen, sondern auch für Lösungen offen sein.

Denn wenn Körper und Geist im Einklang und im Ausgleich durch Geben und Nehmen sind, kann auch die Seele Ruhe und Ausgleich finden.

Doch zurück zu unseren Vierbeinern: Wenn Ihr Hund das nächste Mal kommt und sich an Ihr Bein schmust, fragen Sie sich nicht, warum. Nehmen Sie das Geschenk der Wertschätzung an, OHNE es zu bewerten.

Was Hunde für uns tun

Wer tolerant ist und die Meinung/die Weltsicht anderer akzeptiert, wird im Gegenzug von anderen akzeptiert und toleriert! Dies bedeutet auch, dass wir lernen müssen, unsere Hunde und ihre Bedürfnisse zu akzeptieren. Natürlich gibt es Dinge in unserer heutigen Zeit, die Hunde nicht (mehr) ausleben dürfen. Beispielsweise können Hunde das Jagdverhalten nur sehr bedingt ausleben. Akzeptanz bedeutet nicht, dass wir nun alles unserem Hund durchgehen lassen. Wir haben gesellschaftliche Regeln wie Leinenzwang oder Maulkorb tragen, wo sich unsere Hunde der Gesellschaft anpassen müssen. Und gerade deshalb ist es so wichtig, dass Geben und Nehmen in Ausgleich gebracht wird – für ein harmonisches Miteinander. Gibt mir der Gesetzgeber vor, dass der Hund in der Stadt immer an der Leine geführt werden muss, dann muss ich mir als Hundehalter überlegen, wie ich meinem Hund den notwendigen Ausgleich bieten kann. Ich fordere meinem Hund also etwas ab und erwarte, dass er in der Stadt artig an der Leine geht. Wie könnte der gerechte Ausgleich aussehen? Leinenpflicht versus Freilauf. Beispielsweise über einen Ausflug aufs Land oder über ein ausgiebiges Spiel in einer weitläufigen Hundezone, in einem Hundepark oder im heimischen Garten. Ganz nebenbei erwähnt, kann ich das „An-der-Leine-gehen“ natürlich auch mit Freude und Spaß eintrainieren und mit einer längeren Leine dem Hund ein wenig Auslauf bieten, dort wo es die Gegebenheiten der Stadt zulassen.

So „tickt“ der Hund

Hunde geben wahnsinnig viel, viele Rassen haben ein ausgeprägtes „will to please“, also wollen folgen und gefallen. Doch wichtig hierbei ist, dass wir immer daran denken sollten, wenn uns Hunde so dermaßen viel von sich aus geben, dass wir Menschen nicht nur nehmen sollten, sondern auch überlegen, was wir dem Hund geben können. Daher empfiehlt es sich auch, selbst bei gut ausgebildeten Hunden mittels positiver Verstärkung (ab und zu ein Leckerli, Ball spielen…) die Motivation hoch zu halten.

In unserem Leben und im Zusammenleben mit dem Hund gilt: **Ich kann alles im Leben bekommen, wenn ich das Richtige dafür gebe! Das Wichtigste ist nur die Waage zu halten! Geben & nehmen im Ausgleich!** Hierdurch wird klar, dass auch das Nehmen wichtig ist, da man sonst dem anderen die Chance nimmt, etwas zu geben. Geben und Nehmen ist gleich wichtig, beides ist gleich gut.

Das Gesetz des Ausgleichs

Gib so viel, wie du nehmen willst – nimm so viel, wie du geben willst! Oder: Alles hat seinen Preis! Alles im Leben ist bestimmt vom Geben und Nehmen, jeder Mensch ist Teil dieses Systems und kann sich seiner Gesetzmäßigkeit nicht entziehen. Um in diesem Bereich zu punkten, muss man lernen tolerant zu sein. Nicht nur die eigene Weltsicht gilt, andere Meinungen, Ansichten und Lebensentwürfe haben ihre Berechtigung. Hüten Sie sich davor, Dinge zu bewerten: Wie oft sieht man etwas besonders kritisch – und stellt im Nachhinein fest, dass es doch gut war. Oder umgekehrt: Wie oft freut man sich, nur um später festzustellen, dass sich die Sache nicht gelohnt hat. Geben & Nehmen im Ausgleich sind die entscheidenden Faktoren in einem erfolgreichen und zufriedenen Leben.

Es kommt auf die Gegenseitigkeit an. Beispielsweise Arbeitsleistung geben, um Geld zu (bekommen) nehmen. Und für Hunde gilt das Gleiche; Hunde tun nicht alles für uns Menschen, einfach nur weil wir Menschen so toll sind. Sie würden doch auch nicht arbeiten gehen, ohne dafür einen Lohn zu erhalten. Stellen Sie sich vor, Sie erhalten eine Prämie, weil ein Projekt besonders gut war. Das freut ungemein und die Motivation und Freude steigt. Unseren vierbeinigen Partnern geht es ähnlich.

Stellen Sie sich vor: Sie hatten einen stressigen Tag und Ihr Hund war wiedermal viel zu lang alleine. Dies macht er problemlos, stellt nichts an und wartet brav, bis Sie heimkommen. Oftmals ist gerade dies der Grund, dass unsere Hunde immer mehr alleine gelassen werden, ohne weiter darüber nachzudenken, eben weil es einfach immer problemlos funktioniert. Wenn Sie allerdings einen Hund hätten, der Ihnen die Couch „schreddert“, werden Sie Ihren Hund nicht so lange allein lassen oder sich nach einer Betreuungsperson umsehen.

Trainings-Tipp

Üben Sie Geben & Nehmen!

Überlegen Sie sich, wie Sie Ihrem Hund etwas Gutes tun können, wenn Sie ihn alleine lassen müssen. Beispielsweise geben Sie ihm seine Lieblingskaustange, während des Alleinseins und anschließend (beim Nachhausekommen) planen Sie eine ausgiebige Spazier- und Spielrunde ein.

Denken Sie immer daran, dass Sie Geben & Nehmen mit Ihrem Hund gemeinsam in Ausgleich bringen. Dies bildet die beste Basis, um mit Ihrem Hund ein eingeschweißtes und gutes Team zu werden.

Kapitel 10

Dranbleiben – nur Kontinuität führt zum Erfolg

Glauben Sie an „die Liebe auf den ersten Blick“? Dass man in die Augen eines anderen sieht und man weiß, das ist er – mein Hund! Das Prinzip „Hoffnung“ steht am Anfang, doch jede Beziehung muss auch wachsen, dazu braucht es Fürsorge, Verständnis und Geduld. Alles braucht zudem seine Zeit, doch die Geduld abzuwarten, bis der richtige Zeitpunkt gekommen ist, haben nur ganz wenige Menschen. Die meisten haben leider lieber „mehrere Eisen im Feuer“.

„Liebe auf den ersten Blick“ – das ist das Prinzip, auf das viele Tierheime hoffen: Menschen kommen, verlieben sich in einen der Hunde und nehmen ihn mit. Viele Hundebesitzer sind durch diese „Liebe auf den ersten Blick“ schon zu ihren vierbeinigen Lieblingen gekommen. Nur, wie wir alle wissen, ist die Liebe allein nicht ausreichend, um ein harmonisches Zusammenleben zu gewährleisten. Jede Beziehung muss auch wachsen und immer funktioniert es nach der gleichen Gesetzmäßigkeit – alles braucht seine Zeit!

Und obwohl es so einfach ist, wird diese simple Weisheit doch so oft außer Acht gelassen. Genau diese Missachtung der goldenen Regel ist schuld daran, dass aus vielen Mensch-Hund-Beziehungen niemals ein verlässliches Team wird.

Holt man sich einen Welpen ins Haus, ist das Verständnis für die Unzulänglichkeiten des Kleinen größer: Der ist schließlich noch so klein und muss noch viel lernen. Von ihm wird nicht erwartet, dass er gleich treu, loyal und perfekt ist. Gleichwohl bräuchte gerade ein erwachsener Hund, der ja eine „Geschichte mitbringt“, viel mehr Verständnis. Er wird erst durch die gemeinsame Zeit lernen, dass ihm keine Gefahr mehr droht und dass er in seinen neuen

Menschen verlässliche Partner gefunden hat. Wohlwissend, dass so ein Tier Zeit und Geduld braucht, sind manche Menschen schnell enttäuscht von den „Unzulänglichkeiten" des neuen Mitbewohners. Sie reagieren verstört, wenn ein erwachsener Hund nicht gleich stubenrein ist oder alleine bleiben kann. Die Macken der Vergangenheit müssen gemeinsam überwunden werden und das erfordert viel Geduld und Verständnis.

Jede Entwicklung verläuft in einzelnen Schritten und ist niemals kontinuierlich, so muss auch die Beziehung zu unseren Hunden Step by Step wachsen.

So „tickt" der Hund

Man nimmt fälschlicherweise an, dass Hunde, weil sie umso viel besser riechen, auch automatisch ihre gute Nase einsetzen können. Das stimmt leider nicht, denn auch wenn die Nase unseres Hundes gut ausgebildet ist, muss er doch erst lernen, sie richtig einzusetzen. Daher sollte man darauf achten, dass die ersten Leckerli, die man suchen lässt, sehr einfach zu finden sind. Auf einer kurzgeschnittenen Wiese und nicht im hohen Gras, dort sozusagen, wo er sie nicht nur riechen, sondern auch sehen kann. Das garantiert dem Hund einen schnellen Erfolg und erhöhte Freude und Motivation für dieses Spiel.

Spürnasen unterwegs

Wollen wir mit unseren Hunden gemeinsam arbeiten, müssen wir viel Geduld aufbringen.

Ein Beispiel: Spürnasen trainieren. Nasenarbeit ist für viele Hunde viel besser als beispielsweise aufputschende Ballspiele, weil es – im Gegensatz dazu – den Hund geistig fordert. Der erste Schritt: Legen Sie einige stark riechende Leckerli auf einer Wiese aus.

Wird der Hund besser und schneller, kann man den Schwierigkeitsgrad steigern und die Leckerli ins hohe Gras werfen, auf einen Baumstamm legen oder unter ein paar Blättern verstecken.

Achten Sie immer darauf, dass Sie Ihrem Hund Zeit lassen zu suchen. Üben Sie sich in Geduld, auch wenn Ihr Hund schon das zweite Mal über das Leckerli „hinwegläuft" und Sie nicht verstehen, warum Ihr Hund es nicht riecht oder sieht, wenn Sie selber es doch schon liegen sehen. Ihr Hund wird sich in diesem Moment auf eine Duftspur konzentrieren, die oft durch Wind und andere Witterungsbedingungen etwas versetzt werden kann, und die Hunde müssen erst lernen, wie man einer Duftspur richtig folgt, um schließlich ans Ziel zu kommen. Da kann man schon einmal übers Ziel hinaus laufen. Wenn man keine Geduld aufbringt und versucht, seinem Hund zu helfen und ihm zeigt, wo das Leckerli liegt, lernt der Hund nur eins: „Herrli findet´s schon, ich muss nur warten, bis er es mir zeigt." Was schade ist, denn Hunde haben nicht nur Spaß an der Suche (auch wenn diese etwas länger dauert), sondern gewinnen dadurch enorm viel Selbstbewusstsein, weil sie jedes Mal einen Erfolg haben, wenn sie selbstständig etwas finden. Erfolg macht selbstbewusst! Wichtig ist auch, dass Sie sich merken, wo die Leckerli liegen. Wenn Ihr Hund alle gefunden hat, sollten Sie so etwas wie „Fertig" sagen und die leeren Hände zeigen. Sie wollen Ihren Hund ja nicht frustrieren, wenn er weiter sucht und keinen Erfolg mehr haben kann.

Fehlende Konzentration und Ungeduld

Das sind die zwei häufigsten Stolpersteine, durch die Wachstum und somit Erfolg verhindert wird. Nicht nur beim Hundebesitzer, der zu wenig Geduld mit seinem Hund aufbringt, sondern auch der Hund selbst kann zu ungeduldig sein und zu wenig Konzentration beim Suchen aufbringen. Das sind zumeist die hibbeligen und schnellen Hunde, die schwer stillhalten können. Aber gerade für diese Hunde ist es enorm wichtig zu lernen, inne zu halten und sich zu konzentrieren. Bei solchen Tieren müssen die Übungen so aufgebaut sein, dass sie schnell Erfolg haben, damit sie bei der Arbeit bleiben. Leistungssteigerungen sind nicht kontinuierlich, sondern es sind immer größere Trainingsintervalle nötig, um zum nächsten Leistungssprung zu kommen. Prinzip: Schub und Pause.

Nicht nur wir Menschen wollen das oft nicht verstehen, auch sehr leistungsorientierte Hunde werden schnell unzufrieden, wenn es eine erfolgslose Phase gibt. Es liegt an Ihnen, dass sich das Trainingsintervall bis zum nächsten Sprung auf der Erfolgsleiter verkürzt und selbst die „Pause" sich für Ihren Hund positiv und erfolgreich gestaltet.

Eine Entwicklung vollzieht sich schrittweise. Dazwischen liegen jene Intervalle, in denen ein vollzogener Leistungssprung gefestigt und neue Energie für den nächsten Leistungssprung aufgebaut wird.

Das Gesetz des Wachstums

Alles braucht seine Zeit – und obwohl diese Regel so einfach ist, wird sie doch so oft missachtet. Den meisten Menschen fehlt es an Beharrlichkeit und Geduld. Beides ist vergleichsweise „langweilig", deshalb haben viele Menschen gern „mehrere Eisen im Feuer". Und genau da liegt das Problem: Es ist wichtig, sich auf eine Sache zu konzentrieren und genügend Geduld aufzubringen, sie über aufkommende Schwierigkeiten hinweg zu verfolgen. Kontinuität und Beharrlichkeit sind es, die in der Regel langfristig zum Erfolg führen. Eine Entwicklung vollzieht sich in Stufen, dazwischen liegen die Intervalle, die es braucht, um Leistung zu festigen und neues Potential für den nächsten Entwicklungsschritt zu sammeln. Um es kurz zusammenzufassen: Jeder, der nur lange genug an einer Sache dran bleibt, wird darin immer besser werden und schließlich erfolgreich sein.

Viele Menschen denken, dass sie dies übergehen können und so schneller zum Ziel kommen. Doch auf einen Leistungsschub folgt immer eine Pause und in dieser Pause ist es entscheidend mit GLEICHBLEIBENDER INTENSITÄT dran zu bleiben.

Manche Menschen hören in der Pause auf und dies verhindert den Erfolg.

Doch zurück zur Leckerli-Suche: Es kann sein, dass Ihr Hund schnell gelernt hat, die versteckten Leckerli auf der Wiese zu finden, aber sobald sie im hohen Gras liegen, findet er sie nicht oder er macht sich gar nicht erst die Mühe und sucht, sondern bricht ab und macht etwas anderes.

Viele Menschen geben knapp vor der Erreichung ihres Zieles auf, nur weil sie nicht verstehen, dass die Phase, die sie als erfolglos betrachten, notwendig ist, um sie zu stabilisieren und um den nächsten Erfolgssprung vorzubereiten. Warum soll es unseren Hunden anders ergehen?

Das Erfolgsrezept ist ganz einfach: Geduld und Beharrlichkeit

Die meisten Hunde haben davon ein großes Maß. Fast jeder Hundebesitzer hat schon miterlebt, wie sein Hund ein Spielzeug (einen Ball oder ähnliches) an einen unerreichbaren Ort gerollt hat und obwohl er nach unzähligen Versuchen schon mitbekommen hat, dass er nicht daran kommt, probiert er es immer und immer wieder und gibt nicht auf. Oft passiert es, dass dieses Spielzeug für immer verloren ist oder gar nicht mehr dort und dennoch erinnert sich so mancher Hund und beginnt mit der Suche erneut – das ist Beharrlichkeit!

Genau diese Beharrlichkeit sollte sich jeder Hundebesitzer im Training zu Nutze machen. Beharrlichkeit hat viel mit Konsequenz zu tun und das ist in der Hundeausbildung essentiell wichtig. Nur durch die ständige Wiederholung einer Tätigkeit erreicht diese eine immer höher werdende Qualität und damit kommt man dem gesetzten Ziel automatisch immer näher.

Hund – allein zu Hause

Hat man einen Hund, der nicht alleine zu Hause bleiben kann, so muss man das Training in ganz kleinen Schritten aufbauen. Der Hund soll entspannt liegen bleiben, wenn man aus dem Zimmer geht. Dann schließt man die Zimmertüre und wenn dieser Schritt geschafft ist, kann man es wagen, sich ein bis zwei Minuten aus dem Haus zu begeben, um den Müll rauszutragen usw.

Dieser schrittweise Charakter von Entwicklung bedeutet für den Einzelnen natürlich ein emotionales Auf und Ab – eine Folge von Erfolgen, Erwartungen und Rückschlägen. Aber nur wer sich nicht enttäuschen lässt über einen zu langsamen Fortschritt, nur wer nicht resigniert aufgrund von Rückschlägen, der kann einen Erfolgssprung nach dem anderen erleben und schlussendlich das gesetzte Ziel erreichen.

Trainings-Tipp

Es kann notwendig sein, dass man, bis man den Müll raustragen kann, noch viele kleine Trainingsschritte einbauen muss. Zum Beispiel: Ich gehe nur einmal zur Wohnungstür und öffne sie, aber sonst passiert noch gar nichts. Schrittweise lehre ich den Hund, gelassen und ruhig zu bleiben, wenn sich die Wohnungstüre öffnet und schließt, ohne dass jemand die Wohnung verlässt. Hier ist natürlich auch wieder Ihre Körperspannung sehr wichtig. Sind Sie jedes Mal total aufgeregt vor der „Alleinbleib-Übung", dann kann sich das auf den Hund übertragen und der Erfolg wird geschmälert oder bleibt aus (vgl. Kapitel 1).

Die Dauer, bis sich der Erfolg einstellt, ist natürlich abhängig von jedem Einzelnen. Jedoch ist es in jedem Fall so, dass bei anhaltender Tätigkeit in gleicher Intensität immer ein Wachstum feststellbar ist.

Nur wenn auch in den Entwicklungspausen die Intensität der Handlungen, des Wollens und der Durchsetzung die gleiche bleibt, ist die Grundlage für einen weiteren Aufwärtstrend gegeben.

So kann es sein, dass man einige Wochen immer und immer wieder übt, dass sich die Wohnungstüre öffnet und schließt, bis der Hund entspannt liegen bleibt.

Die Dauer dieser Entwicklungspausen ist davon abhängig, wie schnell sich der vorher erreichte Entwicklungsgrad festigt. Wenn also die Intensität in diesen Entwicklungspausen nachlässt (weil kein Erfolg registriert werden konnte und dadurch die Motivation und der Einsatz nicht besonders groß sind), wird natürlich auch die Zeitspanne der Entwicklungspause immer länger.

Das heißt, übt man nicht mit der gleichen Intensität das Öffnen und Schließen der Wohnungstüre, sondern macht diese Übung nicht mehr mehrmals täglich, sondern nur mehr einmal am Tag, weil sich ja eh kein Erfolg einstellt, dann braucht man umso länger, bis der Hund in dieser Situation entspannt liegen bleibt.

Aufgeben gilt nicht!

Es kann aber auch sein, dass man eines Tages der Meinung ist, man hätte doch eh alles getan, aber offensichtlich sei das nicht der richtige Weg. Die Wahrheit ist, dass gerade in der Phase, in der es am nötigsten wäre – nämlich im „Trainingsintervall" – nicht genügend Leistung erbracht wurde. Dabei ist die Lösung so einfach: Jeder, der nur lange genug immer wieder das Gleiche und Richtige tut, wird darin immer besser werden. Jeder, der lange genug mit Geduld und Beharrlichkeit und mit immer gleichem Einsatz seinen Weg geht, wird damit erfolgreich sein.

In unserem Fall muss der Hund lernen, dass es für ihn okay ist, dass die Wohnungstür auf und zu geht. Wenn dieser Schritt lange genug immer wieder geübt wurde, dann kann der nächste Schritt, dass der Besitzer tatsächlich die Wohnung verlässt, schneller erfolgreich sein. Es kann dann eventuell der übernächste Schritt, dass man beispielsweise den Hund ein paar Minuten alleine lassen kann, oft schneller absolviert werden, bis man wieder zu einem Trainingsintervall kommt, wo man üben, üben, üben muss, bis sich endlich wieder ein Erfolg einstellt.

Zu viele Menschen brechen täglich ihren einmal eingeschlagenen Weg ab – oft ganz knapp vor dem Ziel –, nur weil Sie gerade kein Erfolgserlebnis zu verzeichnen haben. Solche Menschen suchen dann immer neue Wege und verstehen dabei nicht, dass sie sich ständig selbst um die Früchte ihrer Arbeit bringen. Oft suchen Hundebesitzer Hilfe bei einem Hundetrainer, der ihnen den Weg und die Übungen zeigt. Stellt sich jedoch nicht schnell genug ein Erfolg ein, weil eben ein Trainingsschritt nicht lange intensiv genug geübt wurde, dann wird der Trainer flott gewechselt. Es wird ein neuer Trainingsplan mit einem neuen Trainer erstellt und weil man motiviert ist und fleißig übt, stellt sich bei den ersten Schritten gleich ein Erfolg ein. Bis man zu einem Trainingsintervall kommt, wo es erforderlich wäre, wieder langfristiger zu üben und mit gleichbleibender Intensität. Wenn aber die Intensität wieder nachlässt, weil kein schneller Erfolg registriert wird, lassen dadurch wieder die Motivation und der Einsatz nach. Der daraus resultierende Teufelskreis tut keinem gut.

Dabei wäre das Erfolgsrezept so einfach: Geduld und Beharrlichkeit!

Kapitel 11

Das ICH streichen – das WIR denken

Ein Team entsteht nur dann, wenn beide Partner an einem Strang ziehen. Dabei gibt es einige Situationen, in denen sich Hundehalter als besonnene Führungspersönlichkeiten beweisen müssen. Denn: Nicht alles kann der Hund für sich selbst regeln – und schon gleich gar nicht, wenn gute Argumente gefragt sind. Aber: Nicht jeder Hundehalter ist zugleich so selbstbewusst, dass er aufkommende Konflikte ihm Team immer souverän meistert. Ein Plädoyer für eine bessere Streitkultur unter Hundebesitzern.

Immer wenn man denkt, auf einem guten Weg zu sein, wird man Menschen begegnen, die daran etwas auszusetzen haben, die etwas stört oder die schlicht anderer Meinung sind. Wer mit einem Hund unterwegs ist, der erlebt immer wieder verbale Übergriffe und manchmal sogar handfeste Attacken. Ob es Neid, Missgunst oder vielleicht sogar Angst ist, die Menschen dazu treibt, für den angegriffenen Hundehalter ist es allemal lästig.

Die Gründe für rhetorische Angriffe lassen sich nur schwer ergründen.

Der Angreifer denkt:

- in richtig und falsch
- „man" ist besser als er
- fühlt sein eigenes Wachstum angegriffen
- fühlt sich „niedriger"

Sie – in der Verteidigungsposition – haben wenig Möglichkeiten:

- ignorieren bringt nichts
- zurückschießen bringt auch nichts, putscht die Situation in der Stimmung nur unnötig auf

Es macht Sinn, einen Konflikt nicht hochschaukeln zu lassen, da unsere Hunde mit uns mitfühlen. Besonders im Beisein des eigenen Hundes sollte man deshalb versuchen, ruhig und gelassen zu bleiben.

Lösung für Angriffe:

- sich niemals persönlich angegriffen fühlen
- nur das eigene Ziel vor Augen
- das persönliche Befinden (Emotion) raus nehmen
- runter auf „Sachebene"!

Es ist sicherlich nicht immer leicht, ruhig und gelassen zu bleiben, wenn man selbst oder sein Hund aufgrund seines Verhaltens angegriffen wird. Schwierig ist es, die Emotion raus zu nehmen, gerade wenn es bei Konflikten um den eigenen Hund oder um ein Hunde-Thema geht. Aber Besserwisser kann man nicht belehren!

Kleine Hunde – große Klappe

Es gibt Hunde, die kennen keine Furcht – so scheint es jedenfalls. Es sind oftmals die kleinen Vierbeiner, beispielsweise ein Jagdterrier, die gnadenlos alles anbellen und sich Gefahren stellen, die ihren Weg kreuzen. Große Hunde sind oftmals (je nach Rasse und Lernerfahrung) gelassener – und insbesondere die älteren Tiere strahlen eine buddhahafte Gelassenheit angesichts der kleinen Kläffer aus. (Wer einen kleinen Hund hat, soll sich jetzt bitte nicht angegriffen fühlen – es ist nur ein Beispiel.) ☺

Solche Begegnungen sind für beide Hundehalter nicht besonders angenehm, manche nehmen es mit Humor und Souveränität, andere brechen unter Umständen eine Diskussion vom Zaun. Wenn Sie nun mit Ihrem Hund in eine solche Streitsituation geraten, sollten Sie versuchen, Emotionen rauszuhalten und statt dessen eine Lösung auf der Sachebene zu finden:

LÖSUNG AUF SACHEBENE mittels folgender Strategie:

Four
Defense → **Strategie**
Point

1. Immer das Gegenüber sein Gesicht wahren lassen.
2. Überzeugen Sie Ihr Gegenüber, dass es mit dem Kompromiss mehr verlieren als er.
3. Überzeugen Sie Ihr Gegenüber, dass es mehr gewinnt als Sie.
4. Dass es ohne den Kompromiss mehr verlieren würde, als wenn beide sich einigen.

Kompromisse erwirken, mit denen man sich wohl fühlt und sein eigenes Ziel nicht aus den Augen verliert!
Zurück zur „Hundebegegnung“: Aus dem Weg gehen wäre hier sicher das Mittel der Wahl. Doch wenn man im gleichen Viertel wohnt und zeitgleich dieselbe Runde dreht, kann es passieren, dass sich eine SITUATION AUFSCHAUKELT. „Aus der Maus wird ein Elefant gemacht“.

So „tickt“ der Hund

Dauerhaft bellende Hunde zählen leider zu den häufigsten Gründen von Nachbarschaftsstreitigkeiten. Bellen zählt bei Hunden zum normalen Verhaltens- und Ausdrucksrepertoire. In vielen Fällen, gewöhnen sich Hunde schon in jungen Jahren das Bellen an, um so die Aufmerksamkeit ihrer Besitzer auf sich zu ziehen – zum Beispiel, wenn sie hinaus müssen, um „ihr Geschäft“ zu verrichten. Meistens ist es dann so, dass die Halter es sehr praktisch finden, wenn der Hund sich selbstständig meldet und man nicht mehr genau auf ihn achten muss. Frei nach dem Motto: „Der meldet sich schon.“ Daraus resultiert oft, dass der Hund dann keine oder zu wenig Beachtung erfährt, solange er nicht bellt. Das wiederum begreifen Hunde sehr schnell und legen es dann auch auf andere Situationen um. Aus Hundesicht ist das vollkommen logisch: „Ich muss bellen, damit ich Beachtung erhalte bzw. das bekomme, was ich möchte.“

Wenn ein hündisches Verhalten schon gut eintrainiert wurde, ist natürlich auch der Prozess, es zu ändern, meist ein längerer. Das Bellen nur zu ignorieren wäre in diesem Fall ein wenig geeigneter Ansatz, da es für Hunde ein sogenanntes „selbstbelohnendes Verhalten“ ist und dabei unter anderem Endorphine (Glückshormone) ausgeschüttet werden. Aufgrund dieses belohnenden Nebeneffektes würde ein reines Ignorieren hier nicht zum gewünschten Erfolg führen.

Was für den Hund in vielen Fällen und langjährig zum Erfolg geführt hat, ändert er von sich aus nicht mehr, sofern dies nicht notwendig ist oder er keine neuen Strategien entwickeln muss, um an das gewünschte Ziel (Aufmerksamkeit, Futter, Streicheleinheiten etc.) zu kommen. Versuchen Sie, Ihren Hund ab sofort für alles, was er ohne zu bellen – also leise – tut, ausgiebig Beachtung und Belohnung zu schenken. Probieren Sie zu sehen, wann Ihr Hund raus möchte, bevor er zu bellen beginnt, und lassen Sie ihn dann hinaus.

Und: Denken Sie darüber nach, warum Ihr Hund so oft bellt. Was ist der Auslöser bzw. was möchte der Hund wohl damit erreichen? Versuchen Sie, sich in ihn hineinzuversetzen, was das Anliegen dahinter sein könnte. Durch die Beantwortung dieser Fragen können Sie erkennen, wie Sie durch Umgestaltung der Situationen für Ihren Hund das Bellen einfach reduzieren können, ohne ein vielleicht aufwändiges Training machen zu müssen.

Emotionale Begegnungen zwischen Hundebesitzern sind leider häufig zu beobachten, auf den jeweiligen Hund wirkt der so reagierende Besitzer jedoch unsouverän. Das verunsichert die Tiere, deshalb sollte man versuchen, die Reaktionsmöglichkeiten abzuschätzen.

Reaktionsmöglichkeit

- **eigentliches Thema rausfinden** → **Sachebene** → **Four Defense Point (FDP) Strategie**
- **ignorieren vordergründiger Themen** → **Reaktion auf Gefühlsebene**

Leider gibt es auch noch Situationen ohne gemeinsames Interesse, also wo der Angreifer nur darauf abzielt, als Sieger aus der Situation zu gehen oder den anderen schlecht zu machen. Hier gilt nur eines: Weichen Sie rhetorischen Angriffen aus und lassen Sie den Gegner ins Leere laufen.

Das Gesetz der Verteidigung

Das ICH streichen – das WIR denken. Auf dem Weg zum persönlichen Ziel bleiben Konflikte mit anderen nicht aus. Oft ist man dann versucht, sich stärker zu verteidigen als unbedingt notwendig. Machen Sie sich bewusst, dass Interessenskonflikte dazu dienen sollten, sich selbst einen Vorteil zu verschaffen. Deshalb: Immer schön sachlich bleiben und die Emotionen raus lassen. Wenn man das nämlich nicht macht, vergibt man die Chance auf eine dauerhafte Lösung. Das Allerwichtigste bei einer Konfrontation: Lassen Sie das Gegenüber sein Gesicht wahren! Nicht „zuschlagen", sondern ausweichen und die Energie des Anderen nutzen – so gewinnt man.

Die Königsdisziplin: Den Gegner zum Partner machen

Wenn es gelingt, eine „Wir"-Basis zu schaffen – dann greift sich der Gegner automatisch selbst an, wenn er Sie angreifen will. Es erfordert allerdings viel Übung und Disziplin, die ‚Wir"-Basis nicht nur zu sprechen, sondern auch zu denken! Voraussetzung ist, dass die Situation „sachlich" gelöst werden kann.

ABLAUF:

- neutrale Haltung
- Details nachfragen
- Führung übernehmen durch Tun des anderen
- gemeinsam partnern

Sicherlich ist es gerade in der Hundeerziehung schwieriger, die Emotion rauszuhalten, da ein Angriff gegen den eigenen Hund wie ein Angriff gegen die eigene Person wirkt. Es zahlt sich aber aus, sich darin zu üben, auf der Sachebene Dinge zu klären, mit der FDP-Strategie den Angreifer unter die eigene Führung zu bringen und eine gemeinsame Wir-Basis zu schaffen. Es kann sogar Spaß machen und der eigene Hund gewinnt automatisch mit Ihnen mit.

Zusätzlich schulen Sie Ihre Wahrnehmung, wenn Sie immer versuchen, auf der Sachebene zu bleiben und Details herauszufinden. Diese Schulung Ihrer Wahrnehmung hilft Ihnen ungemein in der Hundeausbildung. Sie sehen viele Dinge objektiver, auch das Verhalten Ihres eigenen Hundes. Sie lernen, keine Bewertungen abzugeben und können Verhalten besser analysieren. Auch wenn Ihr Hund ein Verhalten zeigt, dass von Ihnen weniger gewünscht wird, können Sie trotzdem sachlich bleiben, dies analysieren und vor allem nicht nachtragend sein.

Unsere Hunde können sehr gut damit umgehen, wenn sie etwas angestellt haben und man ihnen eine „Ansage" macht. Also sich z.B. verständlicherweise ärgert und dies auch zum Ausdruck bringt. Natürlich sprechen wir hier davon, dass wir keinesfalls die Grenzen des respektvollen Umgangs überschreiten.

Trainings-Tipp

Tatsache ist, dass unsere Hunde nicht nachtragend sind, wir Menschen aber ab und zu schon und noch immer „verärgert" sind, auch wenn der Vorfall schon einige Minuten oder gar Stunden her ist. Hunde verstehen dies nicht. Sie können gut damit umgehen, wenn sie etwas aus unserer Sicht Falsches getan haben, doch wenn sie sich im nächsten Moment korrekt (aus unserer Sicht) verhalten, dann sollte unser Verhalten auch wieder ein gutes und positives sein.

Durch die Schulung der Wahrnehmung und das gezielte Einsetzen der eigenen Emotion kann man sehr viel bei seinem Hund erreichen.

Kapitel 12

Wege gemeinsam gehen

Eine Beziehung aufzubauen, die ein tragbares Netz für die gemeinsame Zukunft darstellt, ist gar nicht so einfach. Tatsache ist: Man kriegt alles wieder zurück – im Guten wie im Schlechten. Ein Blick in treue Hundeaugen ist der deutlichste Beweis dafür: Hunde sind ehrlich – immer. Für ihre Menschen sind sie bereit, alles zu geben. Aber: Geben Sie auch alles für Ihren Hund? Wer diese Frage leichtfertig bejaht, der hat sich vielleicht über das Geben und Nehmen noch nicht genug Gedanken gemacht. Denn es kommt dabei auch auf die richtige Reihenfolge an…

Für die Dauerhaftigkeit und den Erfolg in der Hundeausbildung und -haltung sind es oft die Kleinigkeiten, die entscheidend sind. Selbst wenn jemand die ersten elf Kapitel perfekt verinnerlicht hat, wird er nur kurzfristig erfolgreich und glücklich mit dem Partner „Hund" sein. Warum? Weil er vielleicht die „goldene Regel" nicht beachtet.

In jeder Epoche, Kultur, Religion seit Anbeginn unseres Daseins gab es folgenden Satz: „Geben ist seliger als Nehmen!" Geben ist jedoch nicht besser als Nehmen – oder umgekehrt. Allein die richtige Reihenfolge ist entscheidend.

Zuerst ans Geben denken – dann ans Nehmen

Wer wirklich etwas im Leben (privat, beruflich oder in Bezug auf den Hund) erreichen will, muss mit gleichem Engagement **geben und nehmen**.

Vorteile von zuerst Geben

- Geben ist nicht besser als Nehmen! Nehmen ist genauso gut wie Geben! Es geht nur um die richtige Reihenfolge!
- mit Geben schaffe ich Wertigkeit (Leistung)
- Überlegen, was kann ich geben, bieten, leisten – welchen Wert schaffen?
- „Was bin ich wert?" – Selbstbewusstsein, Wertigkeit…
- „Was ist meine Leistung wert?" – Fühle mich dadurch gut.

Für die gebotene Leistung hat man die Möglichkeit...

– so viel wie möglich zu nehmen

– so viel wie möglich Profit zu erhalten

Das Gesetz des Nutzens

Dieses Gesetz ist das Tüpfelchen auf den i, das Salz in der Suppe, das letzte Puzzlesteinchen zum Erfolg: Zuerst geben – dann nehmen! Dieses Gesetz ist der Schlüssel zu dem, was Sie wollen. Denn: Sie müssen mit allem, was Sie können und wissen, Nutzen bieten! Es kann nichts funktionieren, wovon nicht auch andere profitieren. Die zentrale Frage ist also: Welchen Vorteil erlangen welche Menschen durch meine Handlungen, zu welchem Zeitpunkt und in welcher Weise – und wie groß ist der Aufwand, um an diese Vorteile zu gelangen? Wenn Sie diese Frage mit Ihrem Handeln und Tun positiv beantworten können, ist das Fundament Ihres persönlichen und gemeinsamen Erfolgs gelegt.

Partner Hund – was macht es aus?

Geht es im Zusammenleben von Menschen und Hunden darum, möglichst viele Kommandos zu beherrschen? Ist ein Hund nur ein guter Hund, wenn er angepasst ist und allein auf die Signale seines Besitzers achtet? Wenn er keine selbstständigen Entscheidungen trifft und kein eigenständiges Wesen zeigt mit eigenen Gefühlen und Vorlieben?

Ein Hundebesitzer, der nur darauf achtet, wie er viel Kontrolle über seinen Hund ausübt, aus seinem Hund die bestmöglichen Leistungen herausholen möchte, wird langfristig keinen Erfolg haben. Ein Mensch, der nur sich selbst verwirklichen will und wenig Rücksicht auf seinen Hund nimmt, wird keine glückliche, zielführende und erfolgreiche Partnerschaft führen.

Es kann nicht funktionieren, wenn nur einer profitiert. Dabei muss man aber auch beachten, dass Rücksicht nehmen bedeutet, auch auf die Bedürfnisse des anderen, in diesem Fall des Hundes, einzugehen, auch wenn diese Bedürfnisse sich nicht mit unseren eigenen decken.

Jeder Mensch will seine Wünsche verwirklichen. Und wenn jeder nur auf sich achtet, kann keiner etwas bekommen. Denn überall, wo jemand etwas erhält, muss ja auch jemand etwas geben.

Im Zusammenleben mit unseren Hunden bedeutet das, dass man manchmal den eigenen Hund einfach „nur Hund" sein lassen sollte. Er auch einmal nicht perfekt folgen muss und nicht immer darauf konzentriert sein muss, alles seinem Besitzer recht zu machen. Eventuell werden uns unsere Hunde überraschen und plötzlich aus ihrer eigenen Entscheidung heraus „die perfekten Hunde" sein.

Die Möglichkeit zu haben, einmal machen zu können, was man will, gibt Sicherheit und damit die Kraft, auch wieder Leistungen zu bringen.

Schwierig, aber lohnend: Der Einsatz

Es ist wichtig, dass der Hundebesitzer weiß, was er will, dass er ein Ziel hat, wie das gemeinsame Leben mit seinem Vierbeiner aussehen soll, und seinen Weg dorthin ständig verfolgt. Aber bei all dem ist das wichtigste, sich vor Augen zu halten, dass man etwas von seinem Hund haben möchte – Treue, Zuneigung und Folgsamkeit –, und sich dabei zu fragen, was man ihm dafür bieten kann.

Wenn man Hundebesitzer fragt, die schon von mehreren Hunden in ihrem Leben begleitet wurden: „Welcher Hund ist Ihnen denn am meisten am Herzen gelegen, mit wem hatten Sie die innigste Beziehung?“, dann erzählen sie sehr oft von einem Hund, der ihnen viel Aufwand bereitet hat, mit dem sie einen nicht ganz so einfachen gemeinsamen Weg hatten.

Es ist meist so, dass Hunde, die Probleme machen, die kleinere oder größere Verhaltensauffälligkeiten aus Sicht des Menschen haben, ihren Besitzern mehr abverlangen. In der heutigen Zeit, wo Zeit Mangelware ist, sind immer weniger Menschen bereit, sich die Mühe mit einem „schwierigen Hund“ anzutun. Jeder muss funktionieren, nur nicht aus der Reihe tanzen. Macht ein Hund Probleme, sind die Menschen schneller bereit, ihn wieder abzugeben. Die Verantwortung für einen Hund zu übernehmen und das ein ganzes Hunde-Leben lang, dazu sind heutzutage meist nur Hundeliebhaber bereit.

Obwohl es doch so einfach wäre! Wenn man bereit ist, für seinen Hund ein wenig Mühe und Zeit, Geduld und Beharrlichkeit in ein gutes Training zu investieren.

Denn eins ist gewiss: Wird vom Hundebesitzer mehr abverlangt, um ein harmonisches Zusammenleben mit seinem Liebling zu erreichen, dann wird gerade die Arbeit mit einem etwas schwierigeren Hund eine umso innigere Beziehung aufbauen. Die schwierigeren Hunde sind meist nicht diejenigen, die von ihrer Persönlichkeitsstruktur einfach gestrickt sind. Es sind die hochsensiblen und meist sehr intelligenten Hunde, die oftmals Probleme bereiten können. Diese Hunde sind schnell darin, Ursache und Wirkung miteinander zu verknüpfen. Sie haben in ihrem Leben negative Erlebnisse mit so manchem Menschen oder anderen Artgenossen verbunden. Es dauert daher eine Zeit lang, diese negative Verknüpfung aufzuarbeiten, sie sind mehr auf der Hut und reaktionsbereiter als Hunde, die nur positive Erlebnisse hatten.

Machen sie jedoch die langfristige Erfahrung, dass ihnen von ihrem Besitzer keine Gefahr droht und er sich auf seinen Menschen verlassen kann, dann lösen sich Ängste und er wird durch das erworbene Vertrauen eine innigere Beziehung zu seinem Besitzer aufbauen.

Wer viel gibt, wird viel erhalten!

Oftmals sind wir Menschen uns gar nicht bewusst, was unsere Hunde uns alles geben. Unsere vierbeinigen Freunde zeigen uns den ganzen Tag ihre Zuwendung, Nähe, Freude und wollen mit uns gemeinsam durchs Leben gehen. Sie geben alles für oftmals viel zu wenig, beispielsweise für ihr tägliches Futter und Wasser.

Übung:

Versetzen Sie sich einen ganzen Tag lang in die Rolle Ihres Hundes. Die Übung mit den Sinnen kennen Sie ja bereits. Nun denken Sie sich einen ganzen Tag lang (bitte wählen sie einen normalen „Wochentag"), was Ihr Hund für Sie tut. Also was er alles gibt. Schreiben Sie das ruhig auf, um anschließend zu analysieren, was Sie Ihrem Hund dafür geben. Also wo Ihr Hund „nehmen" kann.

Machen Sie ruhig zwei Spalten, eine fürs Geben und eine fürs Nehmen. Am Ende des Tages analysieren Sie die Liste. Steht dem Geben das Nehmen gegenüber und gleicht es sich aus oder muss die eine Seite noch etwas aufholen? Bitte seien Sie ehrlich und führen die Liste sehr genau. Demnach können Sie sehen, ob bei Ihnen im Team ein Ausgleich herrscht und ob sich dadurch auch Langfristigkeit und dauerhafter Erfolg einstellen werden.

Blättern Sie doch mal zu Kapitel 9 zurück und schauen sich Geben & Nehmen im Ausgleich genauer an. Wichtig für Langfristigkeit & dauerhaften Erfolg mit Ihrem Hund ist, dass Sie zuerst darüber nachdenken, was Sie Ihrem Hund geben möchten für die gewünschte Leistung… Sie verlangen von Ihrem Hund, dass dieser in der Stadt an lockerer Leine geht, dann sollten Sie vorher mit ihm im Garten spielen oder sich mit ihm beschäftigen, damit der Ausgleich für das „Leinegehen" nachher geschaffen wird. Wichtig ist auch, dass Sie die Wertigkeit vermitteln. Wenn Sie mit Ihrem Hund einen Deal abschließen (bitte beachten Sie hier, dass sich der Deal auch für Ihren Hund lohnen sollte!), dass Sie beispielsweise viel Zeit mit ihm verbringen, ihn dafür aber auch 2–3 Stunden pro Tag alleine lassen müssen, dann sollten Sie diese Wertigkeit auch aussprechen. Durch unsere Gedanken und Gefühle bekommt

Ihr Hund dies mit und Sie erkennen zusätzlich, welche Wertigkeit Ihr Einsatz hat. Dies tut beiden Partnern gut. Durch das Aussprechen und Visualisieren wird einem vieles selbst bewusst. Demnach können Sie handeln und agieren.

Trainingstipp für Menschen:

Machen Sie bitte eine kleine Gegenüberstellung: In das linke Kästchen schreiben Sie jeweils eine kleine Notiz über alle Situationen, in denen Sie profitiert haben, in denen Sie Nutzen erhalten haben. Und in das rechte Kästchen notieren Sie bitte alle Gegebenheiten, in denen Sie anderen Menschen/zwei- und vierbeinigen Familienmitgliedern Nutzen gebracht haben. Sehen Sie sich am Ende des Tages, nach Ihrer Notiz, das Verhältnis an und beurteilen Sie für sich selbst, ob Sie zufrieden damit sind bzw. ob Sie in Zukunft ein bisschen mehr auf sich selbst schauen oder ein bisschen mehr für andere da sein möchten. Versuchen Sie 7 Tage lang die gleiche Übung zu machen, um zu sehen, ob sich durch die Bewusstmachung und Visualisierung etwas ändert -> sofern Sie dies bewusst wollen!

Wenn Sie nichts tun, wissen Sie nur eines: Dass sich nichts ändert!

Sie haben nun alle 12 Kapitel gelesen und die 12 NATURGESETZE ZUM ERFOLG mittels der Trainingstipps und der Beispielen verinnerlicht. Dadurch sollten Sie nun alle 12 Kapitel verstehen und auch anwenden können. Ihr Leben mit dem Hund sollte sich dadurch (sofern Sie die 12 NATURGESETZE auch wirklich anwenden) verbessern. Sie sind ein harmonischeres & vertrauensvolleres Team, haben eine bessere Kommunikation und können so auch mehr gemeinsam erreichen. Dadurch sind Sie zufriedener, ausgeglichener und glücklicher. WENN Sie die 12 NATURGESETZE auch wirklich anwenden...

Haben Sie die Trainingstipps wirklich berücksichtigt und angewendet? Haben Sie wirklich alle Seiten gelesen? Wenn nicht, dann lassen Sie mich anhand eines kleinen Beispiels verdeutlichen, welche Auswirkung das „Überspringen“ der einen oder anderen Seite bzw. das „Auslassen“ hat. Sie kennen sicherlich die Geschichte des Mannes, der sich als Lohn für die Erfinden des Schachspiels wünschen durfte, was er wollte. Der Mann hatte folgende Bitte: „Ein Reiskorn auf das erste Feld eines Schachbrettes, zwei auf das Zweite, vier auf das Dritte, acht auf das Vierte usw. Wie wir wissen, konnte ihm der Wunsch

nicht erfüllt werden, denn für das 64. Feld hätte man ihm so viele Reiskörner geben müssen, wie es auf der ganzen Welt nicht gab. Interessant dabei ist, dass es am 63. Feld nur halb so viele Reiskörner gewesen wären. Und am 60. gar nur 6,25%. Ein Unterschied von 93,75% wegen vier Feldern vor 64!

Was dies nun mit diesem Buch zu tun hat? Nun, das Buch ist didaktisch nach den 12 Naturgesetzmäßigkeiten aufgebaut. Jede Seite, jeder Trainingstipp baut auf vorigem auf, verstärkt Vorhandenes und bereitet auf Kommendes vor. Lässt man nur ein „Feld" dieses Buches aus – so wäre das, als ob man beim Schachbrett das 64. Feld ausgelassen hätte. Und nun können Sie sich vorstellen, wie viel Sie gemeinsam versäumt haben, wenn Sie zwei, drei, vier Übungen mit Ihrem vierbeinigen Freund nicht umgesetzt haben.

Zum Glück haben Sie das ja nicht! Denn Sie wissen ja nach diesem Buch, wenn Sie nichts tun, dann ändert sich nichts! Und wenn Sie nur wenig mit Ihrem Hund tun – dann verschenken Sie viel!

In diesem Sinne wünschen wir Ihnen und Ihrem treuen vierbeinigen Wegbegleiter, dass Sie immer ein Lächeln mehr bekommen, als Sie geben. Mögen Sie gemeinsam immer mehr erreichen, als Sie erwarten. Und mögen Sie immer genügend Kraft und gemeinsame Zeit haben, um zu geben.

Ihre Yvonne Adler & Gudrun Braun

Literaturhinweise/Quellennachweise

ADLER, E. (2000): Die 12 NATURGESETZE ZUM ERFOLG
1. Aufl., proD`SIGN GmbH

ADLER, E. (2002): Die Adler Social Coaching-Methode

ADLER, E. (2012): Schlüsselfaktor Sozialkompetenz
1. Aufl., Ullstein Buchverlage GmbH

ADLER, Y. (2012): Der Einfluss der Persönlichkeit des Hundehalters auf den Hund.
Abschlussarbeit ULG angewandte Kynologie, Vet. Med. Univ. Wien

ARHANT, C. (2008): Dog training methods – interrelations between current dog behaviour and characteristics of the dog and the owner.
Diss., Vet. Med. Univ. Wien

ARONSON, E., WILSON, T. D. und AKERT, R. M. (2004): Sozialpsychologie
4. Aufl., Pearson Studium, München

ASENDORPF, J. B. (2007): Psychologie der Persönlichkeit.
4. Aufl., Springer Medizin Verlag, Heidelberg

BAUER, J. (2006): Warum ich fühle was Du fühlst.
11. Aufl., Hoffmann und Campe Verlag

BOGAERTS, A. (2006): Die Drei Charaktere. Gefühlshund, Aktionshund, Augenhund - Ein Buch über die Unterschiede im Training.
1. Aufl., Anke Bogaerts

DE VRIES, C. A., GLASPER, E. R., DETILLION, C. E. (2003): Social Modulation of stress responses.

EKMAN, P. (2010): Gefühle lesen. Wie Sie Emotionen erkennen und richtig interpretieren.
2. Aufl., Spektrum Akademischer Verlag

GOODSON, J. L. (2005): The vertebrate social behaviour network: Evolutionary themes and variations. Hormones and behaviour.

HENNING, J., NETTER, P. (2005): Biopsychologische Grundlagen der Persönlichkeit.
1. Aufl., Spektrum Akademischer Verlag, München

KOTRSCHAL, K. (2012): Emotions are the core of individual social performance.
Comparative perspective of human and animal emotion.
1. Aufl., Springer 2012

KOTRSCHAL, K., BAUER, B., SCHÖBERL, I., WEDL, M. (2009): Toward the nature of the Human-Dog social bond.

KOTRSCHAL, K., SCHÖBERL, I., BAUER, B., THIBEAUT, A. M. and WEDL, M. (2009): Dyadic relationships and operational performance of male and female owners and their male dogs.

NAGASAWA, M., MOGI, K. and KIKUSUI, T. (2009): Attachment between humans and dogs
Japanese Psychological Research, Volume 51, No. 3, 209–221

PLANKSEPP, J. (1998): Affective Neuroscience. The foundations of human and animal emotions.

SARPOLSKY, R. M., ROMERO, L. M., MUNCK, A. U. (2000): How Do Glucocorticoide Influence Stress Responses? Integrating Permissive, Suppressive, Stimulatory, and Preparative Actions.

SCHELDRAKE, R. (2012): Der siebte Sinn der Tiere.
1. Aufl., Scherz Verlag

SCHÖBERL, I., WEDL, M., BAUER, B., DAY, J., MOESTL, E. and KOTRSCHAL, K. (2012):Effects of Owner–Dog Relationship and Owner Personality on Cortisol Modulation in Human–Dog Dyads

TURCSÁN, B., KUBINYI, E., VIRÁNYI, Z. and RANGE, F. (2011): Personality matching in owner-dog dyads.

WEDL, M., BAUER, B., DITTAMI, J., SCHÖBERL, I., KOTRSCHAL, K. (2009):
Effects of Personality and sex on behavioral patterns in human-dog dyads.

WEDL, M., SCHÖBERL, I., BAUER, B., DAY, J. and KOTRSCHAL, K. (2010): Relational factors affecting dog social attraction to human partners.
Interaction studies.

Register